発信をお金にかえる勇気

末吉宏臣
Hiroomi Sueyoshi

きずな出版

はじめに

あなたの言葉が、お金になる時代が来た！

いま、あなたのスマートフォンの中に眠っている言葉。
メモ帳に書きためた想い。
ＳＮＳに投稿しようか迷っている気づき。
それが誰かに喜ばれて、お金にかわるとしたら、どんな気持ちになりますか？

「そんなこと、できるの？」
「私の発信に、そんな価値があるわけない」

きっと、多くの人がそう感じると思います。

私も、まさにそうでした。

SNSやnoteというメディアで日々の気づきを書いているとき、まさかそれが将来の収入になるなんて、想像もしていませんでした。

むしろ、「私なんか」「こんな内容で……」という不安の中、小さな一歩を踏み出すのがやっとでした。

ですが、その一歩が思いがけない変化を運んできてくれたのです。

最初に投稿した有料記事に、「ありがとう」と一緒に、100円の投げ銭《なげせん》が届きました。

それは私にとっては、思いもよらない喜びでした。

「誰かの役に立てるんだ」

自分の中に、小さな自信が生まれた瞬間でした。

そうして、やがて3000円のオンラインの講座やセミナーへと広がり、私の発信は、寝ている間、休んでいるときにも、お金を生み続けるようになりました。

どうでしょう？

「そんなことが、あなたにも起きる！」

と言ったら、あなたは信じてくれるでしょうか。


2024年2月、私は初めての著書『発信する勇気』を出版しました。

SNSの投稿やブログの配信など、いまは、発信しようと思えば、いくらでも、その機会を自分でつくることができます。自分の考えや始めたいことを、不特定多数の人たちに伝えたり、呼びかけたりすることができるのです。

それをするだけで、人生は変わっていきます。

身をもって、そのことを私は実感しました。

「いまの自分を変えたい、でも変われない」

そう思っている人は少なくありません。いや、むしろ、そう思ったことのない人などいない、と言ってもいいのではないでしょうか。

でも、「発信する」という勇気を出したら、変わりたくなくても変わってしまう。

それが「発信の力」です。

はじめに

「発信することで人生が変わっていく」

そのために何をするのか、何ができるのか、ということを書いたのが、前著でした。

今回のタイトルは、『発信をお金にかえる勇気』です。

いまの時代、発信する機会は、いくらでもあるというのは、前でお話しした通りです。

それをお金にかえることも、実はそう難しいことではありません。

でも、発信をお金にかえられる人と、かえられない人がいます。

同じ発信するなら、お金になるほうがいいと思いませんか？

自分が書くことが、お金にかわる！

これは特別なことではありません。多くの人が「お金をもらう」ことに心理的なハードルを感じ、そこから一歩を踏み出せていないだけなのです。

あなたに必要なのは、大きなことではありません。

ほんの少しの勇気――それだけで十分なのです。

たとえば、「こんな内容でお金になるのかな」という不安を、「お金になったらどうしよう」というワクワクする好奇心に変えてみる。

それだけで、心のハードルはグッと低くなります。


私も最初、ビビりながら100円の記事からスタートしました。

その100円を受け取った瞬間、不安は意外なほどあっさりと消えたのです。

それから少しずつ、「お金を受け取る」という経験を重ねるうちに、気がつけば5万円、10万円という収入を自然に受け取れるようになっていました。


そして、気づいたのです。

お金はただの数字ではなく、誰かの「ありがとう」という気持ちが形になったものだということに。

それは、あなたの言葉が誰かの役に立った証《あかし》なのです。

毎日の発信が、誰かに喜ばれるものとなり、それが少しずつ収入へと変わっていく。
その収入で、大切な人との時間を増やしたり、やりたかったことにチャレンジしたりすることで、自分だけでなく、まわりの人にも笑顔が広がり、人生が豊かになっていきます。

この本でお伝えしたいのは、「発信をお金にかえる」ための特別なテクニックではありません。

あなたの「好き」や「得意」を、少しの勇気をもって発信し、心地よくお金を受け取る——それだけです。

特別な才能や専門知識がなくても、いまのあなたにできること。
その小さな一歩が、まだ出会っていない誰かの人生を豊かにするのです。

必要なのは、ほんの少しの勇気と好奇心。
それだけで、未来は変わります。

3年後のある朝、あなたはいつものようにスマートフォンを手に取ります。

すると、新しい通知が届いています。

「この記事で人生が変わりました」

「セミナーを受けて、本当によかったです」

そんなメッセージとともに、また新しい「ありがとう」のお金が入っています。


きっと、あなたは昔の自分に心からお礼を言うでしょう。

「あのとき、小さな一歩を踏み出してくれてありがとう」と。


どうかこの本が、あなたの小さな一歩の支《ささ》えになりますように。

目次

第2章

「恥ずかしい」「怖い」を乗り越えて、最初の一歩を踏み出そう！

第3章

「最初の100円」を受け取る——お金の壁を超える勇気

第4章

「あなたの人生そのもの」が価値になる！お金にかえる7つのステップ

第5章 発信が続かない？ その〝モヤモヤ〟を行動エネルギーに変える！

第6章

「発信が資産になる！」——3年後に自由な未来を手に入れる方法

第7章

「発信する人」だけが手に入れられる5つの特権

発信をお金にかえる勇気

第1章

「伝えない人生」と「伝える人生」どちらを選ぶ？

一日1時間の発信が、未来を変える複利の法則

あなたはどちらを選びますか？

「私には、特別な才能なんてない」
「発信なんて、私には向いていないと思う」
「ましてや、お金にするなんて無理」

そう思ったあなたに、ある計算をしてみてほしいのです。
一日の生活の中で、なんとなくスマートフォンを眺める時間。
それは、どれくらいの時間でしょうか？

たとえば、一日1時間。

その時間で、あなたが発信を始めたとして、1記事300円の有料の文章を週に1本書いたとします。

最初の月の収入は、たった1200円かもしれません。

1年目は、月平均1万円程度だったとします。

「たったそれだけ？」と思われるかもしれません。

でも、これが3年後には月30万円。

5年後には、月100万円という数字に変わっていく可能性があります。

なぜなら、**発信には「複利」の力が働くからです。**

一度書いた記事は、あなたが寝ている間も、休暇中も、ずっと誰かに読まれ続けます。

一方、発信しない人生を選んだら、その可能性は永遠に「0」のままです。

これは、お金の話だけではありません。

あなたの言葉を待っている誰かと出会えない可能性。
あなたの経験が、誰かの希望になれたかもしれないその可能性。
そして、発信者として生きる喜びを知らないまま終わってしまう可能性。

これを、私は「静かな才能の浪費」と呼んでいます。

さあ、あなたはどちらを選びますか？

これから発信する人生？
それとも、一生発信しない人生？

その選択は、今この瞬間からでも、変えることができるのです。

「コンテンツ貯金」で、あなたの人生がもっと自由になる

貯金という言葉から、あなたは何を思い浮かべるでしょうか。
給料から毎月コツコツ積み立てる預金。将来のために増やしていく投資。
そんな一般的な貯金の形があります。
でも、これからの時代は、もう一つ大切な貯金の形があります。
それが「コンテンツ貯金」という考え方です。

たとえば、毎月3万円を銀行に預けると、1年後には36万円になりますよね。
でも、それ以上は増えません。むしろ、インフレによる貨幣価値の下落で目減りした感覚になる可能性すらあります。

一方、「コンテンツ貯金」は違います。

あなたの経験や気づきを記事や動画という形で発信していくと、それは眠ることなく、24時間365日、誰かの目に触れ、お金を生み続けます。

私の友人は、週に1本300円の記事を書くことからスタートしました。

通勤電車の中と帰宅後の30分。それが彼女のコンテンツ貯金の時間です。

最初の月はわずか1200円の収入……。

「こんなの、意味あるのかな」と悩んだこともあったそうです。

でも、5カ月後、変化が現れました。

過去の記事を読んだ人が、新しい記事も読んでくれる。その記事をSNSでシェアしてくれた人がいて、少しずつ新しい読者が増えていく。

そうして、気がつけば、月の収入は3万円を超えるようになっていました。

そして、1年が経ったとき、彼女は「コンテンツ貯金」という言葉の意味を実感することになります。

書いた記事は、彼女が何もしなくても読まれ続け、毎日少しずつ収入を生んでいき、彼女の人生における「コンテンツ貯金」になったのです。

いまでは、彼女のコンテンツ貯金は月に15万円以上の収入を生み出しています。

しかも、これは単なる金額以上の意味を持っています。

同じ悩みを持っている誰かの勇気となり、変化のきっかけとなっているのです。

通常の貯金は、引き出せば減っていきます。

でも、コンテンツ貯金はそんなことはありません。

たくさんの人に「引き出し」てもらうほど、その価値は大きくなっていきます。

読まれるほど、シェアされるほど、感想をもらうほど、どんどん増えていくのです。

まるで、利子が利子を生む複利貯金のような性質を持っているのです。

「コンテンツ貯金」という考え方は、あなたの未来に大きな意味を与えてくれます。

今日書いた記事は、1年後、3年後、いや10年後でも、誰かの人生を変えるかもしれません。
今この瞬間も、あなたの言葉を必要としている誰かが、どこかで待っているかもしれないのです。

銀行に行かなくても、投資の知識がなくても、いますぐ始められる。
それがコンテンツ貯金という新しい資産の育て方です。

あなたの人生で積み重ねてきた経験、日々の気づき、誰かに教えたくなる発見。
それらすべてが、コンテンツ貯金の種であり、未来のお金につながっているのです。

この本を通じて、あなたも今日から、この新しい貯金を始めてみませんか？

発信を始められる人 vs. そうでない人
——決定的な違いとは？

よく聞かれる質問があります。

「発信をして成功する人と、そうでない人の違いは何ですか？」

それは、才能でも、運でも、タイミングでもありません。

ある一点だけが、決定的に違うのです。

それは、**小さな勇気を出せるかどうか。**

これだけなのです。

発信をして成功している人に共通する特徴は、最初から「売れる」「稼げる」を考えていないことです。

むしろ、最初は「これ、誰が読むんだろう」「こんなので価値があるのかな」と不安を抱えながら、それでも一歩を踏み出した人たちなのです。

私のクライアントのある方は、忙しい教員時代に書いた電子書籍、そこから展開したオンラインセミナーなどを合わせて、月に30万円を生み出しています。

でも、彼は最初、自分の発信にまったく自信がありませんでした。

「ただの一教員の私に、何が書けるんでしょうか」そう悩みながら、それでも仕事を終え、家族と過ごした後の時間を使って、教育現場での工夫を書き始めたのです。

最初の本は、さほど売れませんでした。

でも、TikTokなどもスタートさせるなど、新しい挑戦を続けました。

あるとき、一人のお母さんから「そんな先生がいることがわかって、勇気をもらいました」というコメントをもらったことが、大きな転機になりました。

自分の当たり前が、誰かの役に立つという発見が、彼の背中を押し続けたのです。

一方で、発信をしない人に共通する特徴は、「準備」にこだわりすぎること。

「もっと勉強してから」「もっと実績をつくってから」と考えているうちに、月日だけが過ぎていきます。

実は、これは私自身の経験でもあります。

noteを始める前、私も「何を書けばいいいんだろう」「仕事が忙しくて時間がない」「批判されないだろうか」と悩み続けました。

最近もYouTubeをスタートさせましたが、妻から「やるやると言ってばかりいないで、実際にやりなさいよ」と突っ込まれたことも数知れません。

でも、ある日気づいたのです。

時間をかければかけるほど、かえって動けなくなっている自分に。

そこで思い切って、「どんなに下手くそでも、短くても、毎日noteを書く」と決めて、その日あった出来事と気づきを書いてみました。

内容も「なんて大したことないいんだ」と落ち込みました。

でも、その小さな一歩が、今この本を書いている私につながっています。

あのとき決心した自分を、褒《ほ》めてあげたい気分です。

発信というと、多くの人は本を書いている著者や、影響力のあるインフルエンサーをイメージするかもしれません。

でも、そんな人たちも、最初のうちは誰も読んでくれない記事を書き続けていたのです。

「これ、誰が見てくれるんだろう」と不安を抱えながら。

大切なのは、完璧な準備ではありません。自信でもありません。

ただ、その日感じたことを、その日のうちに形にする。

その小さな勇気が、やがてあなたを素晴らしい場所へと連れていってくれます。

発信を始める人と、先延《さきの》ばしにする人。
その違いは、たったそれだけなのです。

「この瞬間」が、あなたの人生を変える！　発信の転機

私たちは誰もが、人生を変える瞬間に出会います。

noteに最初の投稿をしてから4カ月ほどが経《た》ったある朝のことです。

スマートフォンに見覚えのない通知が届きました。

「あなたの記事を読んで、自分のままでいいんだと安心できました」

100円の投げ銭とともに、そんなメッセージが届いたのです。

発信をスタートして、初めて気づきました。

人の言葉には、誰かの人生を変える力があるということに。

投資系のコンテンツを発信しているある方は、私のセミナーを受けて書いた「老後の準

備、いつ始めればいいですか?」という記事がきっかけで、人生が大きく変わりました。

「専門家としては当たり前すぎる内容で、書くのをためらいました」と彼女は言います。

でも、その「当たり前」が、誰かにとっては人生を変える言葉だったのです。

「30代からぼんやりと老後のことが不安だった。でも、この記事のおかげで株式投資の一歩を踏み出せました」

「妻と二人で、将来の計画を立て始めました」

という通知が来たといいます。

専門家だからこその「当たり前」を発信することが、誰かにとっては待ち望んでいた答えだったということに気づいたそうです。

彼女は今、こんなふうに言っています。

「それまでは、ただ普通に仕事をしているだけでした。でも、いまは違います。毎日の発信が誰かの人生の助けになる。そう思うと、仕事への向き合い方まで変わってきました」

これは、特別なケースではありません。

私のまわりではよくあることです。

私たちはみんな、誰かの人生を変えるヒントを持っています。

人生を変えるというと大げさに聞こえるかもしれません。

でも、あなたの言葉が、誰かの心をちょっと軽くしたり、やりたいことをやってみようと背中を押したりします。それも人生を変えたということです。それは、肩書きや資格とは関係ない、あなただからこその経験や気づきによるものなのです。


あなたの発信が誰かの人生を変える瞬間。

それは、あなたの言葉が誰かの心に届いたときです。


面白いことに、そのとき同時に、発信者であるあなたの人生も変わります。

新しい可能性が見えてきたり、仕事への向き合い方が変わったり、思いがけない出会いが生まれたりもします。

それはお金では買えない価値であり、発信する人だけが体験できる特別な喜びなのです。

なぜ、いまこそ発信すべきなのか？

いま、かつてないほど個人の発信が価値を持つ時代が訪れています。

つい10年前まで、個人が自分の言葉を世界に届けることは、簡単ではありませんでした。

メディアに載るにも、本を出版するにも、必ず誰かに認められることが必要でした。

ところが、いまは違います。

スマートフォン1台あれば、誰もが「自分メディア」を持つことができる時代になったのです。

しかし、もっと変わったのは、人々が求める情報の伝わり方です。

これまで、情報は「上から下へ」流れていました。

大手メディア、有名人や専門家から一般の人々へ。

でも、その流れが大きく変わってきているのです。

多くの人が信頼する情報は、「横」からやってくるようになりました。同じ目線、同じ立場の人からの情報です。

面白いことに、売れている商品のレビューを書くのは、プロの評論家ではありません。よく読まれている育児アドバイスは、専門家の教えや理論ではなく、現役ママの体験談だったりするのです。

私も興味深い体験をしたことがあります。

偶然見つけたある著者の電子書籍を読んでいると、カフェイン断ちをして健康になったエピソードが書かれていました。その方は専門家でも何でもないのですが、影響を受けてカフェインをやめることができ、いまでも飲む量が減っています。おかげで体調がよくなりました。

専門家の方の分厚い健康本を読んでもできなかったのに、です。

なぜかというと、「正解」ではなく、「共感」を求めていたからです。ほかの多くの方々も、そうなのではないでしょうか。

完璧な答えより、試行錯誤のプロセスに、人々は共感とつながりを感じるようになったのです。

あなたの「まだ完璧ではない」が、誰かの「ちょうどいい」になります。

そして、この流れは今後も加速していくでしょう。

ＡＩによって、「正解」はますます簡単に手に入るようになっています。

だからこそ、「この人だから共感できる」という価値は、むしろ希少になるのです。

また、もう一つの変化は、発信から生まれた「新しい働き方」が広がり始めているということです。

スマートフォンやパソコンを使って、自分の経験や知識をお金にかえ、副業や本業にしている人も少なくありません。

昔ならお金にならなかった「好き」や「得意」が、正当に評価されるようになったのです。まさに「個人の魅力」が最大限に発揮される新しいステージができたと言えます。

時間も場所も自由に選べる、新しい働き方が始まっているのです。

発信が切り拓く5つの人生の分岐点

発信する人生と、しない人生。その違いはどこにあるのでしょうか？

それは、ただの情報発信の有無だけではありません。人生のさまざまな場面で、大きな分岐点となって現れてくるのです。

ここでは、それらを具体的に見ていくことにしましょう。

❶まず、お金との関係が変わります

発信しない人生では、時間を切り売りするしかなく、働いた分だけの収入に限られます。

一方、発信する人生では、一度つくったコンテンツが24時間、365日、何度でも収益を生み出します。一度の仕事が繰り返しお金を生むような仕組みができるのです。小さな一歩でも積み重ねれば、やがて「働かなくても収入が入る」状態へと変わっていきます。

❷ 次に、仕事の質が変わります

発信しない人生では、与えられた仕事をこなすだけ。決められたルールの中で、誰かの期待に応えることが仕事の中心になります。自分の意思より、会社や上司、クライアントの都合を優先させるのが当たり前です。しかし、発信する人生では、あなた自身が価値を生み出す側になります。発信を続けるうちに、「あなたにお願いしたい」という声が増え、仕事が向こうからやってくるようになります。やがて、やりたい仕事を選ぶ自由を手にすることができるのです。実際、多くの発信者が「まさか自分にこんなオファーが来るなんて！」と驚くような仕事の依頼を受け、予想もしなかったチャンスをつかんでいます。

❸ 人間関係も、大きく変化します

発信しない人生では、職場や地域など、限られた環境の中での出会いがほとんど。同じような境遇、同じような価値観の人とつき合うことが当たり前になります。「まわりに理

解してくれる人がいない」「本音を話せる相手が少ない」――そんな閉塞感《へいそくかん》を感じることもあるでしょう。一方、発信する人生では、あなたの言葉に共感する仲間が、全国、そして世界から集まります。年齢も職業も住んでいる場所も関係なく、「同じ思い」を持つ人たちとつながれる喜びを実感するはずです。「発信したことで、かけがえのない仲間と出会えた」――そんな声が届くようになります。たった一つの投稿が、人生を変える出会いを生むこともあるのです。

❹ 学ぶ姿勢も、まったく違ってきます

発信しない人生では、知識を得ることがゴールになりがち。本を読んだり、セミナーに参加したりしても、「学んだだけで満足」して終わってしまうことも多いのではないでしょうか。しかし、発信する人生では、学びがすぐにアウトプットにつながります。「これは誰かの役に立つかも」と考えながら学ぶことで、知識の定着率も飛躍的に高まり、実践力もぐんと上がるのです。学ぶだけで終わるのか、それをお金にもかえていくのか。その選択が、未来を大きく分けていくのです。

❺ そして最後に、人生の質そのものが変わります

発信しない人生は、誰かが敷《し》いたレールの上をただ歩くだけ。「普通」や「安定」という名のもとに、決められた道を進むことが当たり前になってしまいます。しかし、発信する人生では、あなたが自分の物語の主人公になります。受け身ではなく、自ら道を選び、自由に未来を切り拓くことができる。さらに、あなたの言葉が、誰かの人生を動かす力にもなるのです。

知り合いの料理研究家は、発信を始めて5年が経った頃、こう振り返りました。「発信前の私は、日々をただこなすだけ。でも、いまは違います。私の言葉を待っている人がいて、私の経験が誰かの力になり、その喜びがエネルギーになっています。このつながりも、生きがいも、発信していなかったら一生知らずに終わっていたでしょう」

これは、ただの選択ではありません。

あなたは、発信しない人生を歩みますか？　それとも、発信する人生を選びますか？

あなたの言葉を待っている人が、必ずいる！

正直に告白します。

私は、本を書く前も、書いている途中も、ずっと不安でした。

「私の言葉に価値なんてあるのだろうか？」

「いったい誰が読んでくれるのだろう」

そんな思いが、何度も頭をよぎりました。

しかし、私の考えを根底から変えてくれたのが、メンターであり、ベストセラー作家の本田健さんとの会話でした。

ある日、健さんは私にこう問いかけたのです。

「なぜ本を書くの？」

この一言で、私はハッとしました。

この本を待っている誰かが、きっといる。そう気づいたのです。

実は、あなたの言葉を今か今かと待っている人が、必ずどこかにいます。

深夜、スマートフォンの画面を見つめながら、健康や子育て、お金の悩みで眠れない人がいる。

朝の通勤電車で、「こんな人に出会えたら、人生が変わるかもしれない」そう思いながら、まだ見ぬあなたとの出会いを待っている人が、確かにいるのです。

私自身、仕事帰りに疲れ果てていた中、ふと立ち寄った書店で本田健さんの本と出会いました。そこからセミナーに参加するようになり、人生は180度変わりました。

もし、あのとき出会っていなかったら――妻とも出会わず、愛する娘や息子もいない。

こんなに自由で楽しく、多くの人に喜んでもらえる仕事もしていなかったでしょう。

だからこそ、私は思うのです。

本を書く前の若き日の本田健さんが、本を書くことを諦《あきら》めなくて本当によかった。

勇気を出して書いてくださって、ありがとうございます、と。

もし仮に、若き日の本田健さんが諦めそうになったところに、未来を知る私が会えるような機会があったとしたら、必死にこう伝えるでしょう。

「僕のためにも書いてください。あなたを未来で待っています」


あなたの未来にも、あなたの発信を待つ読者やお客さんが必ずいます。


私自身、そしてクライアントたちの経験から、絶対にそうだと断言します。

感謝や喜びのコメントをいただくたび、私のセミナーに参加してくださる方に会うたびに、私は思うのです。

必ず、あなたにも同じような出会いが待っています。

そして、あなたの言葉に救われた誰かが、また新たな誰かを救っていく。

その希望のバトンは、あなたの最初の一歩から始まるのです。

もし今、不安を感じているとしても、それはごく自然なことです。

私も同じように感じていました。もしかしたら、本田健さんもそうかもしれません。

でも、大丈夫です。完璧な準備も、特別な才能も必要ありません。

いまのあなたの言葉で、いまのあなたの気持ちを、いまのあなたが持っているものを、ただ素直に発信すればいいのです。

さあ、そんな運命の出会いに向かって、小さな一歩を踏み出してみませんか？


ここまで、発信することで人生がどう変わるのかをお話ししてきました。

「でも、具体的にどう始めればいいの？」

「本当に私にもできるの？」

そんな声が聞こえてきそうですが、安心してください。

次の章では、あなたが無理なく、心地よく発信を始められる具体的な方法をお伝えしていきます。

第2章

「恥ずかしい」「怖い」を乗り越えて、最初の一歩を踏み出そう！

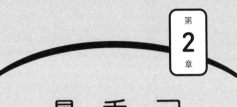

「発信が怖い……」を乗り越える安心の法則

なぜ、多くの人が発信する一歩を踏み出せないのでしょうか？

それは、知らない大勢の人の前で、自分の意見を言うのが怖いからです。

でも、想像してみてください。

あなたの好きなことや得意なことを発信したら、それを喜んで受け取ってくれる人がたくさんいるとしたら？

もし、発信が誰かの役に立ち、「ありがとう」と言ってもらえるとしたら？

それでも、まだ怖いと思いますか？

安心してください。

この章では、恐れや不安なく、自分らしく発信できる方法をお伝えします。

発信を始めようとするとき、こんな言葉が心の中で響きませんか？


「スキルをもっと磨かねばならない」

「たくさんの人に届けねばならない」

「役に立つ記事を書かねばならない」


私もまったく同じことを思っていました。

「いいものをつくらなければ」と思い込んでいた時期が長くあったのです。

noteで最初の記事を書くまで、半年以上もウジウジしていました。

でも、ある日気づいたのです。

この「ねばならない」という思い込みが、自分らしさや可能性を閉じ込めてしまっているのだと。

そして、発信でお金を受け取っていく上で、驚くべき事実があることも知りました。

スキルも、届く人の人数も、必須条件ではないのです。


本当に大切なのは、安心感をもって発信できること。

それは、ワクワクする気持ちで、あなたらしい言葉を語ることなのです。


私のクライアントの一人に、子育て中のお母さんがいました。

最初は「私なんかが発信なんて」と自信がなかった彼女。

でも、思い切って、自分の「いま」を書いてみることにしたのです。

育児に追われる毎日の小さな工夫、ほかの家事の合間につくる時短レシピ、子どもと一緒に楽しむ片づけのコツ。

完璧なアドバイスではないし、専門家の知識でもない。

ただ、等身大の経験を、素直に言葉にしただけでした。

すると、思いがけない反応が返ってくるようになったのです。

「同じことで悩んでいました」

「その工夫、すごくためになります。早速試してみます！」

なぜ、このような反応が生まれたのでしょうか？

それは、人々が求めているのは、完璧な知識ではなく、共感できる情報だからです。

どんなに洗練された文章を書いても、どんなに専門的なことを話しても、そこに心がなければ、読者の心は動きません。

だから、力みを手放してください。

無理なく、楽しくできる発信を積み重ねていけば、それだけで十分です。

続けていくうちに、できることが増え、あなたの世界は大きく広がっていきます。


安心感があれば、スラスラと言葉は出てくるようになります。

ありのままの自分を認められれば、軽やかに必要な一歩が踏み出せるのです。

さあ、ここからは、その安心できる発信の始め方をお話ししていきましょう。

発信を始める3つの小さな勇気

私は、次の3つの勇気を持ったことで、発信するときの心持ちがガラリと変わりました。

それまでもいろんな媒体《ばいたい》でちょくちょく発信するものの、うまく続きませんでした。

しかし、この勇気をもって一歩踏み出したことで、自信が育っていったのです。

❶自分のために発信する勇気

人は誰もが、自分のことをいちばん大切に思い、自分自身にいちばん興味があります。

考えてみてください。24時間、365日、ずっと一緒にいるのは自分自身です。だからこそ、自分のために発信することが、何よりも大切なことなのです。

不思議なことに、自分が満たされると、発信する言葉にパワーが宿り、自然と読者を引き寄せるようになります。また、自分を大切にすることで、無理なく、相手の幸せを願った発信もできるようになります。

だから、安心して、まずは自分のために発信する勇気を持ちましょう。

❷ 完璧さを手放す勇気

あるクライアントは、たった一つの記事を書くのに毎回、何日もかけていました。見直しても見直しても不安で、下書きが溜《た》まるばかり。でも、「完璧じゃないけど、これで投稿しよう」と決めてからは、決断が早くなったのです。そして驚いたことに、読者からは「以前の堅い文章より今のほうが親しみやすいです」という声が届くようになりました。

実は、8割くらいの完成度がちょうどいいのです。完璧な10割を目指すと、どうしても肩に力が入り、発信が続きません。かといって、6割だと物足りなく感じてしまいます。

だからこそ、「8割でOK」と思って投稿する勇気を持ってください。

そのほうがかえって、自然体で書け、心地よく発信を続けられます。

❸ いまの自分にできることをやる勇気

数年前、私は「本を書きたい」という夢を持っていました。でも、最初から大きなことを目指すのではなく、「いまの自分にできることをやろう」と決めたのです。

すると、noteの発信ができるようになり、それが電子書籍につながり、そして今では紙の書籍を書くようになりました。

できることから始める。それは決して小さなことではありません。むしろ、着実に前に進み、結果的に遠くまで行ける、最も賢い方法なのです。

この3つの小さな勇気は、誰にでも、今日からできることです。

ただ、いまの自分を認め、いまの言葉を大切にして、今できることから始めてください。

その小さな勇気が、次々と新しい扉を開いてくれるはずです。

さあ、あなたの中にある小さな勇気を出して、最初の一歩を踏み出しましょう。

「市場」ではなく「私場」――安心できる発信の場をつくる

発信を始めようとすると、次のような不安が出てきませんか？

「いきなり知らない大勢の人に見られるのが怖い」
「ＳＮＳで批判されたらどうしよう」
「価値のある情報を届けなければいけないんですよね？」

でも、大切なことをお伝えしたいと思います。
あなたがこれまで発信できずにいたのは、あなたに能力や魅力が足りなかったからでは
ありません。スキルがなかったからでもありません。

ただ、大勢を相手にしようとしすぎていただけなのかもしれません。

もし、あなたが安心して、自分らしさを発揮できる場所があったら、もっと楽に、発信ができるはずです。


そんな安心できる場所をつくる方法があります。

それが「私場（わたしば）」という考え方です。

私場とは、まるで気の合う友人とカフェでおしゃべりするような、温かな場所。

同じ「好き」を語り合い、心地よくつながれる空間。

発信は、そんな安全な場所から始めることができるのです。


たとえば、あるコーチは、最初から大勢のフォロワーを集めようとはしませんでした。

代わりに、身のまわりであったこと、工夫したことを、ノートに書き留めるように発信。

特別なノウハウを教えるというより、日々の学びや気づきを、素直に言葉にしていきました。

すると、夢を叶《かな》えたい人やコーチングに興味がある人が、少しずつ集まり始めました。気がつけば、彼女のまわりには「やりたいことを実現したい仲間」が自然と集まり、これが彼女の「私場」となっていったのです。

市場は、多くの人が行き交う広い場所です。

そこでは、どうしても競争や評価を気にしてしまいます。

目立つためにいいことを言おうとして、無理にお客さんを集めようとして、自分らしさを失ってしまうかもしれません。でも、私場は違います。

少人数でいい、自分らしいペースでいい、等身大でいいのです。

そんなあなたの言葉に共感する人が集まり、その小さな輪が、あなたの価値を育ててくれて、やがて広がっていきます。

私にとっては、noteというメディアが、その「私場」でした。

自分らしい言葉を育て、少しずつ自信をつけ、新しい可能性を開いてくれたのです。

私場では、批判を恐れる必要はなく、完璧を目指す必要もなく、最初から数字を追う必

要もありません。

ただ、あなたらしい言葉で、あなたらしいペースで、あなたらしい場所を育てていけばいいのです。

「でも、たくさんの人に届けないと意味がないのでは？」

そう思うかもしれませんが、そんなことはありません。

最初は10人でも十分です。

その大切な10人と信頼関係を育《はぐく》んでいけばいいのです。

あなたが楽しそうに発信していると、「なんだか面白そうだな」と、一人、また一人と興味をもって覗《のぞ》きにくる。

そのうちの何人かが「あなたの発信をもっと見たい」と思い、ファンになり、ビジネスも自然に広がっていくのです。

気づけば、あなたの前には行列ができていることでしょう。

さあ、あなたの「私場」は、どんな場所になるでしょうか？

あなたの「好き」×「得意」＝最高の発信のタネになる！

「発信って、特別な人がするものですよね？」

私は、こんな質問をよく受けます。

でも、それは大きな誤解です。

発信のタネは、とても身近なところにあります。

それが、あなたの「好き」と「得意」です。

「好きなこと」とは、あなたが興味を持って楽しいと感じたり、心がワクワクしたりすることです。

趣味かもしれませんし、仕事の一部かもしれません。日常のちょっとした瞬間でも構いません。

たとえば、ある人は「写真を撮ること」が好きでした。スマートフォンでなにげない日常を切り取ることが、小さな喜びだったのです。

一方で、「得意なこと」は、苦なくできて、他の人よりもスムーズに結果が出ることです。

とはいえ、特別なスキルが必要なわけではありません。

実は、あなたが「当たり前」だと思っていることの中に、得意なことは隠れているのです。

先ほどの写真好きの方は、「構図を整えること」が得意でした。友人から「どうやったらそんな素敵な写真が撮れるの?」とよく聞かれていましたが、彼女にとっては「普通のこと」だったのです。

この**「好き」と「得意」が重なったとき、その人にしか出せない魅力や価値が生まれます。**

写真好きの彼女は今、「日常を素敵に切り取る写真の撮り方」を発信しています。

スマートフォンで撮影するコツ、なにげない瞬間の切り取り方、思い出の残し方、こうした内容をワークショップ形式で提供し、多くの人に喜ばれています。

好きだから、続けられる。

得意だから、自然と伝えられる。

その組み合わせが、誰かの「楽しい」「嬉《うれ》しい」「ありがとう」につながっていったのです。

では、あなたの「好き」と「得意」を探してみましょう。

まずは、次の質問に答えてみてください。

「休日は何をして過ごしますか？」

「つい、お金や時間を使うことは？」

「友達との会話で、どんな話題が続きますか？」

これが、あなたの「好き」を見つけるヒントです。

次に、まわりの反応を思い出してみましょう。


「よく聞かれること」はありませんか？

「ありがとう」と感謝されたことは？

「さすが！」と褒められたことは？


これが、あなたの「得意」のサインです。

「でも、それって価値になるのかな……」

そう思うかもしれません。

私も最初は、「文章を書くこと」を価値にできるなんて思っていませんでした。

でも、発信を始めると、「あなたの文章に癒《いや》されました」「私も書いてみたいです」という声をいただくようになったのです。

そして気づいたのは、発信すると、新しいタネがどんどん生まれるということです。

最初は、「文章を書くのが好き」なだけでした。でも、書いているうちに、「文章をわかりやすく書く方法」「発信を続けるコツ」「読者とのつながり方」と、発信するほどにアイデアが増えていったのです。

最初の一歩を踏み出せば、あなたにも、同じように新しい発見があるはずです。

発信のタネは、最初の一つを見つければ、次々と生まれてくるのです。


あなたの日常の中に、すでに発信のタネはたくさんあります。

それは、特別な才能や専門的なスキルではありません。

あなたの「好き」と「得意」のかけ合わせが、誰かの喜びになり、そしてまた新しい「好き」と「得意」が見つかっていく。その素敵な循環が、あなたを待っているのです。

次は、そのタネを育てる「気づきの発信」についてお話ししていきます。

発信初心者は「気づきの発信」から始めよう！

多くの人は「好き」や「得意」を発信しようとしても、「よくわからない」「自信がない」と悩んでしまいがちです。
でも、それはあなたの手を止めるダミーの思考にすぎません。
発信は、もっと簡単なステップから始められます。

まずは「気づき」から始めてみましょう。

私が最初に始めたのは、「毎日の気づきをnoteに書いてみよう」という、小さな挑戦でした。

日々の出来事から感じること、考えること、ふと心に浮かんだ思いや気づき。

それらを、ただ素直に言葉にしてみることから始めたのです。

小さな「気づき」を書き続けていくと、自然と「好き」や「得意」にたどり着けるようになります。

とはいえ、こんな不安もありました。

「こんな日常的なことを書いてもな」

「私の気づきなんて、誰も興味ないよね」

ただの普通の人の日記の延長じゃないか、と。

でも、ある日思い切って投稿してみました。

しばらくすると、思いがけない反応が返ってきたのです。

「私も同じように感じていました」

「その言葉、いまの私に響きます」

「明日からまた頑張れそう」と。

特別なことは書いてなく、ただ、その日感じたことを書いただけ。

それなのに、見ず知らずの誰かの心に届いたのです。

もしかしたら、あなたにも似た経験があるかもしれません。

友達とのなにげない会話で、「その言葉、素敵だね」と言われたこと。

悩んでいる人の相談に乗って、「ありがとう」と感謝されたこと。

SNSになにげなく書いた言葉に、「共感します」とコメントをもらったこと。

それこそが、あなたの中にある発信のタネなのです。


でも、顔の見えないSNSでいざ発信しようとすると、こう思うかもしれません。

「こんなの、誰でもできることだし」

「私なんかが発信する意味はない」

「毎日続くかどうか自信がない」

その思いが、あなたの本音や魅力を抑えつけているのかもしれません。

でも、覚えておいてください。あなたの言葉で励《はげ》まされたり、楽しい気持ちになったりする人がいるかもしれないと。

小さな勇気を出すのに、完璧な準備はいりません。むしろ、「準備ができてから」と思っているうちに、その一歩は、どんどん遠のいていきます。

だからこそ、今日、感じたことを素直に書き留めてみましょう。誰かに話したくなる思いを、そっとSNSで発信してみてください。それが、あなたの小さな一歩になります。

大切なのは、その一歩の向こうにいる誰かのことです。

あなたが感じたことはきっと誰かも感じていることであり、あなたの気づきはきっと誰かの気づきにもつながります。

その思いを届ける勇気が、やがて誰かの「ありがとう」となり、いつかお金という形の感謝に変わっていくのです。

だから、小さな勇気を出してみませんか？

あなたの中にある「できるけど、やっていない」ことを見つけることから、始めてみましょう。

「どこで発信する？」迷わないメディアの選び方

「どこで発信すればいいんだろう？」

Instagram や X（旧 Twitter）、Facebook、YouTube、note……

選択肢が多すぎて、かえって迷ってしまう。

それぞれのプラットフォームを学ぶだけでも大変そうで、そこで立ち止まってしまう人も少なくありません。

でも、大丈夫です。

最初の一歩は、「ここなら続けられそう」と感じる場所から始めればＯＫです。

ＳＮＳ攻略などは、いったん忘れてください。

最初にすべきことは、「発信のホームベース」を一つに決めることです。

私の場合、それは「note」でした。

なぜなら、文章での発信はとても身近で、自分のペースで言葉を選べると思ったからです。そして、「好き」や「得意」をじっくりと形にできるのが私に合っていました。

まずは一点突破が、成功の鍵です。

最初からいくつものＳＮＳやメディアに手を広げると、時間やエネルギーが分散してしまいます。その結果、どれも中途半端になりがち。

実際、私の友人やクライアントで、フォロワー数の多いインフルエンサーには、ある共通点があります。

それは、名刺代わりになる突き抜けたプラットフォームを一つ持っていること。

Instagram なら Instagram で、note なら note で、YouTube なら YouTube で、どこでも大丈夫です。

まずは、一つのプラットフォームで「自分メディア」を育てましょう。

私も今では、noteを足場にYouTubeや他のメディアへ広げていますが、それは一点突破した後だからこそできたことです。

焦って手を広げすぎず、まずは「自分の居場所」をつくることに集中しましょう。

もちろん、「noteでなければいけない」というわけではありません。

使い慣れていたり、よく見るSNSがあれば、そこから始めるのがいいでしょう。

Instagramが好きなら、写真と一緒に気づきや思いを書き添える。

Xで短い言葉を投稿するのが心地よいなら、毎日1回つぶやいてみる。

話すのが得意なら、YouTubeやTikTokでメッセージを届けてみる。

どのプラットフォームにも、それぞれの魅力があります。

だから、**大事なのは「どこが数字を伸ばしやすいか？」ではなく、「どこなら自分が心地よく続けられるか？」です。**

発信は、長く続けることで、うまくいくようになります。

だから、メディア選びに迷ったら、「自分が楽しく続けられるのはどこか？」を基準にしてみてください。

発信は「数字」ではなく「人」が大切！

勇気を出して発信を始めた人たちに、共通して起こることがあります。

「いいね」がつかないとがっかりする。

見てもらえる人が少ないと不安になる。

フォロワーが増えないと落ち込む。

これが数日、数週間ならまだしも、3カ月、半年と続くと心が折れて、発信をやめてしまうという人も多いのです。

正直に言うと、私もそうでした。

でも、ある出来事がきっかけで、その考え方が大きく変わったのです。

ある日、私のYouTubeを見てセミナーに参加してくれた方から、こんな言葉をいただきました。

「末吉さんのYouTubeを見てきました。今日、参加できてよかったです！」

彼女の笑顔を見た瞬間、ハッとしました。

画面の中の数字しか見ていなかったけれど、その向こうには、確かに人がいるのだと。

YouTubeに力を入れて半年ほど経った頃のこと。

そのとき、私の動画は300〜3000回視聴されていました。

これは、とてもありがたいことです。なのに、人間の慣れとは怖いもので……。

「あれ、今回はこのくらいか」

「もっと多くの人に届けなきゃ」

と、まだ出会っていない人のことばかり考えていたのです。でも、それは間違いでした。

まずは、見てくださっている人たちのことを考えるべきだったのです。

その**数百回、数千回の視聴回数の向こうには、一人ひとりの顔があって、生活があって、心があります。**

その発信を楽しみにしている人、元気をもらっている人、学びを得ている人がいるのです。

たとえば、ある動画の最後に、セミナープレゼントの案内を載せたことがあるのですが、30人以上の方が登録してくれました。

この「30」という数字も、ただの数ではありません。

その数字の向こうに、「このセミナーを見てみたい」「この人の話をもっと知りたい」と思ってくださった方がいるということです。

忙しい日常の中で、動画を見て、その案内まで見て、わざわざ登録してくれました。

その行動の一つひとつには、信頼と感謝が込められています。

もしリアルなセミナー会場に30人集まってくれたら？

その場でのエネルギーやつながりを想像するだけで、心が温かくなります。

発信をしていると、数字を追いがちになることもあるかもしれません。

でも、数字の奥には、必ず「人」がいます。

たとえ、その日のいいねが8でも、週のPVが50でも、フォロワーが10人でも。
朝の通勤電車で読んでくれている人。夜、子どもを寝かしつけた後に見てくれている人。休憩時間に、ほっと一息つきながら読んでくれている人。そんな一人ひとりの存在があるのです。それを意識すると、発信の姿勢も変わると思いませんか?

次に発信をするとき、画面の向こう側にいる一人ひとりの顔を思い浮かべてみてください。

一人でも自分の発信を受け取ってくれる人がいる。
その一人が、さらに他の誰かに影響を与えていく可能性がある。
その小さな積み重ねが、やがて大きなつながりや影響力を生み出します。
だから、どんなに小さい数字であっても、その奥にいる「人」を感じていきましょう。
それが、あなたの言葉をより強く、より響くものに変えていくのです。

第3章

「最初の100円」を受け取る——お金の壁を超える勇気

「缶コーヒーを買う感覚」で、お金を受け取る勇気を持とう！

「もっとお金を受け取りたい」と思うことはないでしょうか？

通勤電車の中、お給料日に通帳を見るとき、ふとこんなことを考えたことがあるかもしれません。

「いまの収入で、本当にいいのだろうか」

「もっと自由に生きられる選択肢があるはずなのに」

でも同時に、こんな声も聞こえてくることがあります。

「お金のことばかり考えるのは、なんだか違う気がする」

実は、これらの気持ちは矛盾しているわけではありません。

むしろ、新しいお金との向き合い方を見つける大切なきっかけなのです。

ちょっと考えてみてください。

あなたが今、「コンビニで缶コーヒーを買ってきて」と頼まれたらどうしますか？

おそらく、何の迷いもなく「わかった！」と言って行動できるでしょう。

なぜなら、それを「難しい」「できない」ことだとは思っていないからです。

でも、「あなたの価値ある発信をお金にかえませんか？」と言われた途端、多くの人が立ち止まってしまいます。

「私なんかが、お金をいただいていいのかな」

「もっと準備しないとダメかもしれない」

「批判されたらどうしよう」

なぜ、こんなにも違うのでしょうか？

それは、あなたにスキルや才能が足りないからではありません。

ただ、「お金を受け取ること」に抵抗を感じているだけなのです。


でも、ここに大きな希望があります。

もし、お金を受け取ることへの抵抗感をやさしく手放せたら？

発信をお金にかえることが、驚くほど自然になっていきます。

それはまるで、コンビニで缶コーヒーを買うように、気負いなく「これは〇〇円です」と値段をつけて、価値を届けられるようになるのです。

少しワクワクしてきませんか？

お金を受け取ることに対する気持ちが変わると、素晴らしい変化が起こり始めます。

商品やサービスをつくるのが楽しくなり、「これでお客さんがどんなふうに喜んでくれるだろう」とワクワクしながら案内できるようになります。

むしろ、つくらない、届けないほうが、物足りなくなるかもしれません。

あるクライアントさんは、こんな話をしてくれました。

「最初は本当に怖かったんです。でも、１００円の記事を出してみたら、『ありがとうございます』という言葉と一緒にお金をいただけました。その瞬間、心が軽くなったのです」

お金を受け取ることは、決して重たいことではありません。

それは、あなたが届けた価値に対する「ありがとう」の気持ちのカタチ。

だからこそ、**受け取る勇気を持てたとき、あなたの発信はもっと多くの人の役に立てるようになるのです。**

そして、**その喜びがまた新しい発信を生み、より大きな価値を届けることができるようになります。**

最後には、きっとあなたにも、そう感じられる瞬間が訪れるはずです。

ここから、あなたの新しいステージが始まります。

一緒に「お金を受け取る勇気」を育てていきましょう。

たった100円から始まる、あなたの物語

発信をお金にかえるとき、大切なのは「安心できるところから始めること」です。
だから私は、「最初の一歩は、小さなものでいい」という言葉を大切にしています。

「この内容で、本当にお金をいただいていいのでしょうか？」

スマートフォンの画面を見つめながら、Aさんは悩んでいました。
彼女がnoteに書いた最初の有料記事。その価格は100円でした。
テーマは、日々の暮らしの中で見つけた「たった5分でつくる時短レシピ」です。
特別なことは何も書いていません。毎日やっていることを、ただ言葉にしただけです。
100円でも、投稿ボタンを押す指は震えていました。

でも翌朝、思いがけない通知が届きます。

「いつもnoteを読んでいました。今晩から時短レシピを実践してみようと思います。ありがとうございました！」

お礼メッセージとともに、最初の100円が振り込まれたのです。

「私の言葉が、誰かの役に立てた！」

その小さな実感が、Aさんの心をじんわりと温めてくれました。

翌週、Aさんは2本目の100円の記事を書きました。こんどは、Aさんが勉強している心理学と通勤電車での時間の使い方についての内容です。

すると、3人が購入してくれました。

「電車の中でスマートフォンを見る時間が、こんなに変わるなんて！」

少しずつ、毎週1本のペースで有料記事を書く習慣ができていきます。

100円、また100円と、**小さな「ありがとう」が積み重なっていったのです。**

それから3カ月後——。

読者から、こんなコメントが届きました。

「もっと詳しく知りたいのですが、オンラインでお話を聞いてみたいです」

その声に背中を押され、思い切って３０００円のオンラインお茶会を企画。

最初は「高すぎないだろうか？」という不安もありました。でも、４人の方が参加してくれたのです。

さらには、お茶会の最中、こんな声が上がりました。

「とても楽しかったです。参加している人たちが素敵で、もし定期的な勉強会があったら、ぜひ参加したいです！」

その声に後押しされて、Ａさんは月額制のオンラインサロンをスタート。

いまでは毎月15人ほどの方と、交流と学びを深めています。

Ａさんは、最初の１００円の記事を投稿するのに、１カ月以上も悩んでいたそうです。

でも、「いま思えば、その小さな一歩を踏み出せてよかった」と言います。

なぜなら、あの100円の記事が「私の当たり前が、誰かの役に立つ」ということを教えてくれて、素晴らしい仲間との出会いをつくってくれたからです。

このように、段階を追って展開していけば、自然と価値も、価格も上がっていきます。

あなたも、この100円からの物語を始めてみませんか？

特別な才能や、専門的なスキルは必要ありません。

大切なのは、あなたの日常の中にある小さな工夫や、ちょっとした気づき、自分の持っているものに「価値がある」と認めること。

そして、それに「100円」という小さな値段をつける勇気を持つことです。

その価値に気づいてくれる人は、必ずどこかにいます。

あなたの100円から始まる物語は、どんなストーリーを描いていくでしょうか？

「え、これってお金になるの？」あなたの〝当たり前〟が価値になる！

多くの人が、何の努力もせずお金を受け取ることに罪悪感を感じます。
私たちはどこかで、こう刷《す》り込《こ》まれてきたのです。

お金を受け取るには、それなりの努力をしなければならない。
苦労して身につけた知識やスキルでなければ、対価をいただく資格はない、と。
でも、本当にそうでしょうか？

文章を書くのが好きで、毎日自然に言葉が湧いてくる。
人の話を聞くのが得意で、相手の気持ちに寄り添える。
企画を考えるのが楽しくて、次々とアイデアが浮かんでくる。
もし、そんな「簡単にできること」「楽しくできること」が、あなたにとっての特別な才能だとしたら？

私自身、この気づきは衝撃的でした。

「自分なりの文章を書くのは簡単にできる」

「人の話を聞くのは、当たり前すぎる」

そう思い込んで、自分の価値を見失っていたのです。

でも、ある編集者からこんな言葉をもらいました。

「あなたの当たり前を必要としている人が、必ずどこかにいます。その人があなたの言葉に出会えないのは、もったいないことですよ」

ハッとしました。


日々の暮らしや仕事の中で、あなたが自然とやっていることを見つめてみましょう。

- **営業・家事・ジャーナリングをやっている**
- **人の話を聞くのが得意、おしゃべりするのが楽しい**
- **スピリチュアルなことを学ぶのが好き**

これらのことも、立派な価値になるのです。

あなたにとっては簡単なことでも、誰かにとっては難しいこと。

あなたが楽しくできることでも、誰かにとっては大変なこと。

あなたの「当たり前」は、誰かにとっては待ち望んでいた「すごい！」ことなのです。


お金と価値は、努力や苦労の量だけで決まるものではありません。

むしろ、努力せずにできてしまうことがあるなら、それはあなたに与えられた特別なギフトなのです。


「こんなことをやって、お金になっていいの？」とあなたが思えるものは何でしょうか？

それが見つけられたら、そのことを発信して、堂々とお金を受け取ってほしいのです。

それは、あなたの才能を、世界で活かすということなのですから。

あなたの「当たり前」は、誰のどんな「すごい！」になるでしょうか？

「いつ、何を有料にする？」最適なタイミングと戦略

発信をお金にかえようとすると、私たちの頭の中で「ねばならない病」が発動します。

「お客さんが喜ぶものをつくらねばならない」

「売れる商品を考えねばならない」

「あの人のように魅力的に書かねばならない」

その「ねばならない」の重圧が、本来のあなたらしさを押しつぶしてしまうのです。

でも、ある有名な作家の言葉が教えてくれました。

「作家は原稿料をもらいながら成長していくものだ」

最初は半信半疑だったその言葉も、いまではよくわかります。発信も同じなのです。

発信には、素敵な法則があります。

それは、**「無理に売れるものをつくらなくてもいい」**ということです。

そうではなくて、あなたが値段をつけたものを買ってくれる人が現れるまで、あなたらしく楽しみながら発信を続ければいいのです。

そう考えると、少し気持ちが楽になりませんか?

これは、単なる気休めではなく、とても大切な視点です。

なぜなら、お客さんのことを気にしすぎると、自分らしさを失ってしまうことがあるから。

私の知り合いの写真家は、初めは「人気のある写真」を研究して真似ていました。でもなかなか売れなかったのです。ところが、自分の大好きな「ネコの写真」を投稿し始めたところ、少しずつ「この写真かわいい!」というファンが増えていきました。そして今では、月500円の定期購読マガジンを数百人の人が購読しています。

お金をいただくことに、完璧な準備は必要ありません。

お金をいただきながら、成長していけばいいのです。

実は今この瞬間も、あなたの中には発信できる価値が育ち続けています。

- **仕事で培ったノウハウや子育ての中で得た気づき**
- **本やYouTube、セミナーで学んだこと**
- **お金や人間関係、健康で大切にしていること**

これらは、すべて誰かの役に立つ可能性を秘めています。

あなたにとっては当たり前でも、誰かにとっては新鮮で価値ある情報かもしれません。

まだ準備ができていない、もっと勉強してから、来年になったら……。

こう思って発信を先延ばしにしている間も、あなたの経験は積み重なり続けています。

その経験を活かさないのは、毎月給料をもらいながら通帳に一切お金を入れないようなものです。

テーマは何でもいいのです。

コーチングやカウセリング、料理のレシピ、子育ての工夫、仕事のコツでも、趣味の知識でも、それを「いい！」と言ってくれる人がどこかにいます。

今日から始めれば、その分だけ早く、成長のチャンスを手に入れることができます。

半年後には、あなたの発信が誰かの「ありがとう」に変わり、その「ありがとう」が、また新しい発信のエネルギーになっているはずです。

大切なのは、お客さんの目線を気にしすぎないこと。

あなたの基準で「これなら楽しく書ける」「よし、これでいこう」と思えるものをつくればいいのです。

あなたが心から「楽しい」と感じられるものを、あなたらしくつくり続けてください。

その先に、きっと最初の一人、運命のお客さんとの出会いが待っています。

お金を受け取る罪悪感を手放す3つの勇気

ここまで読んでも、まだお金を受け取る一歩が踏み出せないと感じているなら、そこには「お金を受け取る罪悪感」があるかもしれません。

実は、このお金を受け取る罪悪感は、発信をお金にかえようとして初めて気づくものです。でも、それは新しく生まれた感情ではなく、ずっと心の奥にあったもの。もしかすると、お金が思うように入ってこない理由も、そこにあるかもしれません。

でも、大丈夫。お金を受け取ることは、なにも悪いことではありません。

この**罪悪感を一気に消そうとする必要もありません。**

また、難しいプロセスがあるわけでもありません。

ただ少しずつ、やさしく手放していくだけでいいのです。

部屋の断捨離をイメージしてください。

お金を受け取る罪悪感が顔を出すたびに、無視せず、ていねいに手放していきましょう。

そうすれば、必ず心は軽くなり、お金を楽に受け取れるようになるのです。

罪悪感が出てくるのは、逆にチャンス。

それを手放すたびに、お金が入ってくるだけでなく、あなたの中に眠っていた才能や可能性も開花していくからです。

これから紹介する3つの勇気を持つことで、あなたはお金を受け取ることに対する罪悪感を、やさしく手放せるようになります。

❶ 自分を大切にする勇気

発信でお金を得ようとするとき、まず浮かぶのが「もっと安くしないと悪い気がする」「無料のほうがより多くの人の役に立てるのでは?」という思いです。

もちろん、多くの人に届けたい気持ちは素晴らしいものです。

ただ、その思いが強すぎると、自分を大切にすることを忘れてしまうことがあります。

たとえば、セミナーを3万円に設定したとき、私は「高すぎると思われないだろうか」「人が集まらなかったらどうしよう」と不安でいっぱいでした。

ところが、いざ開催してみると、思った以上に多くの人が参加し、こんな声をいただいたのです。

「この金額だからこそ、本気で学ぼうと思えました」

価格が安すぎたり、無料提供ばかりしていると、自分が疲弊《ひへい》してしまい、大切なエネルギーや時間を失いがちです。

結果的に、サービスの質や発信の頻度が落ちてしまうのです。

つまり、自分を大切にできないと、相手を大切にすることもできません。

だからこそ、あなたの価値にふさわしい価格をつける勇気を持ってください。

❷ 嫌われる勇気

次に乗り越えたいのが、「売り込みっぽく思われないか」「誰かに嫌われるのでは？」という不安です。

価格を少し高めに設定したとき、何度もお知らせをするとき、メルマガの購読解除やＳＮＳのフォロワーが目に見えて減り、心が折れそうになることがあるかもしれません。

私は高額講座を販売したとき、同じ経験をしました。毎日メルマガの購読解除が増えるのを見て、何度も「もうやめようか」と思ったほどです。

でも、そのままやり切った結果、独立を果たしたり、長年踏み切れなかった離婚を決断して幸せになったり、出版の夢を実現したりして、人生が変わりました。

すべての人に好かれようとしていたら、自分の人生も誰の人生も変えられません。

そう気づいたとき、「嫌われるかもしれない」という恐れが小さく感じられるようになりました。

本当に必要としている人と出会うためには、誰かに嫌われるリスクを受け入れることも必要なのです。

それは、「自分の価値を信じる覚悟」でもあるのです。

❸ 豊かになる勇気

ある程度お金が入ってくるようになると、こんな気持ちが湧いてくることがあります。

「楽しいことをしているだけで、こんなにお金を受け取るなんてズルいのでは？」

「寝ている間にも売上が立つなんて、何か悪いことをしている気がする」

これは、苦労や努力をしないとお金を稼いではいけない、という根深い固定観念があるからです。

私のマーケティングのメンターは、寝ている間にも毎日何十万円という売上通知を受け取っていました。最初は「うらやましい」と同時に、「ズルいな」と思っていたのが本音です。でも、そのメンターのもとには「売上が10倍になりました！」「ありがとうございます！」という感謝のメールが毎日のように届いていたのです。

そこで気づきました。

これは「ズルい商売」などではなく、たくさんの人の人生を変え、豊かにした結果として生まれたものだったのです。

たくさんのお金を受け取る罪悪感を手放すと、あなたの人生には遠慮なくお金が入ってくるようになります。

それと同時に、選択肢もぐんと広がります。

「貧乏暇なしの運命」を生きるのか。

それとも「誰かに喜ばれながら、豊かさを受け取る運命」を生きるのか。

この選択は、お金に対するあなたの考え方ひとつで変わります。


私たちは、お金を「望むこと」と「受け取ること」を、ただ忘れているだけです。

あなたにも、子どもの頃、「これが欲しい！」と素直に言えた時代があったはずです。

その自然な感覚を、大人になって忘れてしまっただけなのです。

あなたも少しずつ、この3つの勇気を育んでいきませんか？

その先には、誰かの「ありがとう」という言葉とともに、より豊かな未来が待っています。

100円を100人から受け取るシンプルな方法

「100円なら、私にも受け取れそう」

そう思った方も、すぐに現実の壁にぶつかります。

「でも、本当に100人も集まるのかな。意外と売れない……」

実は、100人の人があなたにお金を払うとき、彼らは「商品やサービス」にお金を払っているわけではありません。

彼らが支払うのは、「解決したい悩み」や「叶えたい願い」に対してなのです。

つまり、**100人からお金を受け取るためには、100人の「切実な気持ち」に寄り添うことが大切なのです。**

では、どうやって悩みや望みを見つければいいのでしょうか？

その答えは、あなたの中にすでにあります。

あなたが過去に経験した苦労や悩み。もう無理かもしれないと思ったほどの挫折《ざせつ》や試練。誰にも言えずに一人で抱《かか》え込《こ》んでいた問題。

成功体験よりも、そうした失敗や苦労の経験にこそ、大きな価値が眠っています。

たとえば、「仕事と育児に追われ、心が限界だった私を救ってくれた3つの習慣」というテーマで文章を書いたとしたらどうでしょうか？

このテーマに興味を持つ人は、きっとたくさんいるはずです。

なぜなら、同じように切実に悩んでいる人がいるからです。

これなら、100円でも1000円でも払う価値のある文章と言えるのではないでしょうか。

さらに、タイトルや内容に次の2つの要素を加えることで、読者の「欲しい！」という気持ちは強くなります。

・「ポジティブを得たい」という願望（例：心の余裕、安定した収入、充実した人間関係）
・「ネガティブを避けたい」という不安（例：将来の不安、病気の心配、人間関係の悩み）

これらを使うのは、決して読者の不安を煽《あお》るためではありません。あなたが本気で「誰かの役に立ちたい」という思いがあれば、心に響く言葉になります。


ここで一つ、現実的な話をしておきましょう。

多くの方が経験する「50人の壁」というものがあります。

最初の50人は、家族や友人、ＳＮＳでつながっている人たちでクリアするかもしれませんが、その先の50人を集めるのは難しくなります。

ここで大切なのは、「何度もお知らせする勇気」です。

「一度紹介したから、もういいかな」

「何度も発信すると、うるさがられそう」

そんな不安から、せっかくの記事を放置してしまう人が多いのです。

しかし、人は一度では動きません。

買いたい気持ちはあっても、その日は忙しくて対応できなかったかもしれない。

興味はあっても、タイミングが合わなかったのかもしれない。

本当は必要だけど、まだ迷っているのかもしれない。

大切なのは、押しつけがましくならない工夫です。

たとえば、新しい気づきや学びを加えて紹介したり、読者の声と一緒に案内してみたり、みんなが幸せになるビジョンを交《まじ》えながら伝えてみてください。


焦《あせ》る必要はありません。大切なのは、ただ一つです。

「これは、きっと誰かの役に立つ」

その信念をもって、何度でもお知らせしていけば、あとは時間が味方してくれます。

その積み重ねが、100人の「ありがとう」へとつながっていくのです。

最初の1万円が、あなたに教えてくれること

最初の1万円という金額には、大切な意味があります。

最初に受け取ったお金は、あなたの自信を育ててくれます。

それは、金額の大きさとは関係がありません。

100円でも、1000円でも、あなたの価値が認められたしるしなのです。

人は自信がつくと、「もっと大きなことができるのではないか？」という未来への期待が湧いてきます。

1万円稼げたなら、10万までいけるかもしれない。10万までいけるなら、次は100万までいけるかもしれない。

どんどんビジョンも大きくなり、やる気が刺激されることで、さらにワクワクする結果

が手に入るようになります。

たとえば、「500円のコンテンツが売れるなら、次は3000円のコンテンツをつくってみよう」とか「同じコンテンツをもっと多くの人に届けられる方法はないか？」と考え、行動を起こすようになるでしょう。

この思考の転換が、さらなる未来の可能性を広げてくれるのです。

お金を受け取ることには、次の3つの段階があります。

(1) 最初は、「本当にいいのかな」という遠慮がちな気持ち
(2) 次に、「ありがとうございます」と素直に受け取れる気持ち
(3) 最後には、「もっと価値あるものを届けたい」という前向きな気持ち

この変化は、一朝一夕には起こりません。でも、お金と「ありがとう」を受け取るたびに、あなたの中で少しずつ変化が起きていきます。

最初は小さな自信かもしれません。

でも、その自信がだんだんと大きくなり、やがてあなたの発信全体を支える強さになっていくのです。

また、**お金は、価値と感謝を運ぶ力を持っています。**

あるセラピストの例を見てみましょう。彼は長年、無料でカウンセリングを提供していましたが、あるとき「適正な料金をいただくこと」の大切さに気づきました。無料だと相談をためらう人も、料金を支払うことで、お互いが気持ちよく向き合える関係ができたのです。

同じように、料理教室を主宰する方も「無料では受講者が不真面目だった」という経験をしました。しかし、3000円のレッスンを始めると、参加者が真剣に取り組むようになり、その成長を目の当《まあ》たりにでき、むしろ喜ばれるようになったそうです。

お金を受け取ることは、決して誰かから何かを奪うことではありません。

受け取ったお金は、新しい価値を生み出すために使うことができます。
よりよい商品やサービスの開発、さらなる学びや成長、家族との大切な時間のために。
そして、それがまた誰かの「ありがとう」につながっていくのです。

最初の1万円は、ゴールではなく、新しい可能性を生み出すためのスタート地点です。

さらに、次の展開を考える楽しみの始まりでもあります。
その1万円からどれだけ大きな物語に進展するかは、あなた次第です。
ワクワクする物語を、ここからさらに進めていきましょう。

次の章では、あなたの人生をお金にかえる具体的な7つのステップをお伝えします。
一つひとつのステップを、あなたのペースで進んでいきましょう。

第4章

「あなたの人生そのもの」が価値になる！お金にかえる7つのステップ

【ステップ1】あなたのワクワクをリストアップしよう！

「発信なんて、私には向いていないと思う。ましてや、お金にするのは難しい」

そう思っているあなたに、ある質問をしてみたいと思います。

子どもの頃、何かに夢中になって時間を忘れ、気がつけば日が暮れていた、そんな経験はありませんか？

実は、その「夢中になれること」の中に、あなたの発信のタネが隠れているのです。

大人になると「こんなことでお金になるはずがない」「そんな簡単なことじゃダメだ」と思い込んでしまいがちです。

しかし、あなたがワクワクすることには、誰かの役に立つ可能性が秘められています。

本書を手に取ってくださったあなたへ

感謝を込めて特別プレゼントを用意しました！

末吉宏臣より感謝の気持ちとして
「すぐに実践できる」３つの特別プレゼント
を用意しました。ぜひ、あなたの発信活動に
お役立てください。

【プレゼント内容】

①『有料noteで0→1を達成するガイドブック』

**②『一生発信できる！
90日分のSNS投稿ストックのつくり方』**

**③『日記Kindleで月５万円生み出す方法』
（特別動画）**

左記のQRコードまたは、
下記よりお受け取りください。

https://note.hiroomisueyoshi.com/r/nDIURnMotef5/registe

※プレゼントの配布は予告なく終了する場合があります。予めご了承ください
※音声・PDFなどのコンテンツは、インターネット上のみでの配信となります。
※お問い合わせは [nextstage.hisho@gmail.com] までお願いいたします。

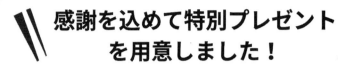

たとえば、ある友人は本を読んで感想を書くことが好きでした。

最初は「こんなの、誰も価値を感じないだろう」と思っていました。

でも、SNSに感想を投稿し始めると、「同じ本を読んでいるのに、そんな視点があったんですね」「その本を買ってみます!」と感想が届くようになりました。

いまでは、読書の伴走者《ばんそうしゃ》として月に10万円以上の収入を得ています。

ここから、あなたのワクワクすることを見つけていきましょう。

[質問1] 時間を忘れて夢中になれることは?

□スマートフォンを見ている時間を除いて、気がついたら数時間経っていたことは?
□YouTube、note、Instagramなどで、つい見入ってしまうジャンルは?

[質問2] 誰かに話したくなることは?

□友達との会話で、思わず声が大きくなるトピックは?
□「これすごいよ!」と、思わず人にシェアしたくなることは?

［質問3］お金を払ってでも学びたいことは？
□ セミナーや講座に申し込むテーマ、新しい本が出たら即購入してしまう分野は？
□ 高額でも「これは価値がある！」と感じるものは？

これらの質問に答えていくと、あなたの中に隠れているワクワクのタネが見えてきます。

実は、あなたがワクワクすることには、2つの大切な要素が含まれています。

一つは「才能」です。

夢中になれることの中には、あなたが気づかないうちに磨いてきた才能が隠れています。好きでやってきただけなのに、気がつけば誰かに「すごいね」と言われるレベルまで来ていることもあります。

もう一つは「必然性」です。

なぜか惹《ひ》かれてしまう分野には、あなたが本当にやるべきことが隠されているのかもしれません。それは、社会や誰かにとって必要とされていることと、不思議とつながっているのです。

あなたの「好き」は、誰かの「ありがとう」につながります。

だから、このワクワクする気持ちを大切にしてください。

それは、あなたの発信を心地よくお金にかえていく土台となり、やがて誰かの人生を豊かにする贈り物となります。

一つ大切にしてほしいポイントは、「お金のことは考えない」でリストアップするということです。

収入に結びつくかどうかはいったん考えず、とにかく楽しいと感じることを考えたり、書き出したりしてみてください。

あなたの中にある「ワクワク」を探してみましょう。

次は、そのワクワクが教えてくれる「過去の宝物」を見つけていきます。

【ステップ2】

あなたの過去に眠る〝宝物〟を見つける

「私の人生はごく普通なんです。特別な経験もないし」

そう思っているあなたに、ちょっとした秘密をお伝えしたいと思います。

実は、あなたの過去には「お金になる宝物」がたくさん眠っているのです。

たとえば、ある女性はこう思っていました。

「私は何も特別なことはしてこなかった。ずっと家計簿をつけていただけで……」

しかし、彼女はある日、

「家計簿を10年間続けた経験がある人って、意外と少ないのでは？」

と気づきました。

それをもとに家計管理と節約のノウハウを発信し始めたところ、思った以上に多くの人が興味を持ちました。

いまでは、同じように家計のやり繰りに悩む人たちから「具体的でわかりやすい」「真似《まね》できそう」という声が集まり、オンラインサロンも運営しています。

このように、あなたの「当たり前」は、誰かの「すごい！」なのです。

では、あなたの過去に眠る宝物を、一緒に探していきましょう。

【宝物その1】続けてきたこと

長く続けてきたことには、知らないうちに知恵や工夫が詰《つ》まっています。

思い返してみてください。

仕事で何年も取り組んできた業務や、日々の生活の中で続いている習慣、趣味として大切にしてきたこと。そこには、あなたならではの工夫や知恵が詰まっているはずです。

たとえば、1年間欠かさず毎日投稿をしてきたクライアントさんは、その経験を活かし「続けるコツ」を発信。多くの人の発信習慣をつくるサポートをしています。

その継続の中にこそ、価値ある知恵が隠れていたのです。

あなたが長く続けてきたこと、そこから得た気づきや工夫は何でしょうか？

［宝物その2］試行錯誤してきたこと

簡単に何事もこなしてしまう人よりも、むしろ遠まわりをして苦労した人のほうが、誰かの道しるべになれることがあります。

料理が苦手で悩んでいたあるクライアントは、「料理下手な私が見つけた、失敗しない料理のコツ」を発信し始めました。

レシピ本に書いていない細かな失敗談や、食材の賢い選び方、道具の使い方など。

そんな試行錯誤の記録が、同じように悩む人の心をつかみ、いまでは「料理の駆け出し応援団」として人気の講座を開いています。

最初からうまくいく人は、成功の理由を深く考えません。

でも、何度も失敗した人は、どこで間違えやすいかを知っているのです。

うまくいかなかった経験の中にこそ、誰かを助ける「知恵」が隠れています。

その知恵は、あなただけが見つけられる宝物なのです。

［宝物その3］褒められること・感謝されること

ふだんから「ありがとう」と言われることや褒められることの中にも、あなたの才能が隠れています。

誰かに相談されることが多い分野、「さすが！」と感心されること、SNSでなぜか反応がよい投稿の傾向、まわりから「上手だね」と言われることから、あなたの特別な才能が見えてきます。

昔から恋愛相談をされることが多かったという作家の友人は、その才能を活かして恋愛コーチに。ゆるい雰囲気と的確なアドバイスが評価され、いまでは月に20人以上のクライアントを持ち、ラジオ番組を持つまでに成長しました。

まわりの人が気づいているあなたの価値を、あなただけが見落としているのかもしれません。

仲のよい友人に「私のいいところを教えて？」と素直に聞いてみるのもいいですね。

ここまで読んできて、少し心が軽くなりませんでしたか？

「もしかしたら、私の経験にも意味があるのかもしれない」

そんな新しい視点が生まれてきたのではないでしょうか？

これまでのあなたの歩みには、思っている以上の価値があります。

あなたの人生そのものが、誰かの未来を明るくする力になるのです。

次のステップでは、この宝物を誰かの「ありがとう」につなげる方法を見ていきましょう。

【ステップ3】

「お客さんの喜びポイント」を探す

お客さんが何を求めているのか、喜んでくれるのかを考えていきましょう。

どんなにあなたがワクワクする発信でも、相手の心に響かなければ、売れることは難しいもの。だからこそ、「あなたがワクワクすること×お客さんが喜ぶこと」をしっかり結びつけることが大切です。

あなたの発信に共感する読者が集まり始めているはずなので、彼らのことをリアルに想像しながら一緒に考えていきましょう。

❶ 理想のお客さんを明確にする

まず、「あなたの理想のお客さんはどんな人か？」をはっきりさせましょう。

どんな人にサービスを届けたいですか？

本当に助けたい人なのか、関わることでエネルギーが湧く人なのか、結果をどんどん出していく人なのか。

この部分をあいまいにしてしまうと、発信の内容がブレたり、望まないお客さんが集まるといった問題が起こりやすくなります。

逆に、理想のお客さんがしっかりイメージできれば、あなたのメッセージはより響くようになり、本当に届けたい人に届くようになります。

また、相手に喜んでもらえる仕事ができるようになるため、お金を受け取ることも楽しくなり、収入も自然と増えていくのです。

だから、遠慮はいりません。あなたの理想のお客さんを具体的に考えてみましょう。

❷ お客さんの悩みと願いをリアルに想像する

理想のお客さんが見えてきたら、次はその人たちの心の中を想像してみましょう。

どんな悩みを抱えているのでしょうか？

どんな未来を望んでいるのでしょうか？


お客さんが本当に欲しいと思っているのは、この2つに関することです。

表面的な言葉だけでなく、その奥にある本当の気持ちを想像することが大切です。

たとえば、「時間がない」という悩みの裏には、「家族との時間を大切にしたい」という望みがあるかもしれません。

「仕事がうまくいかない」という悩みの奥には、「自分の価値を認めてほしい」という願いが隠れていたりします。

彼らの悩みの奥にある本当の願いに気づくことで、あなたの発信やサービスの価値がより深く伝わります。

また、SNSでのコメントや実際の会話の中から、彼らの本音を見抜くのもいい方法ですね。そうすることで、あなたにしか提供できない価値が見えてくるはずです。

❸ すでに売れている市場から学ぶ

お客さんが求めているものを知るために、「すでに市場で売れているもの」をリサーチするのも有効です。

マーケティングの原則「ハーム（ＨＡＲＭ）の法則」によると、人の悩みは、大きく次の４つに分類されるといわれています。

①［Ｈ（Health）］健康的で、美しくいたい
②［Ａ（Ambition）］仕事でいい結果を出したい、夢を叶えたい
③［Ｒ（Relationing）］人間関係をよくしたい、悩みを解決したい
④［Ｍ（Money）］お金を稼ぎたい、増やしたい、不安をなくしたい

これらは、時代が変わっても変わらない、人間の本質的なニーズです。

また、もう一つ、多くの人が求めていることがわかる簡単な方法があります。

書店で売れている本をチェックすることです。

本屋さんをぐるっと一周して、どんなテーマの本が多いのか？

売れ筋の本のタイトルは、どんな言葉を使っているのか？

お客さんが「何を求めているのか」「どんな情報ならお金を払うのか」のヒントが詰まっています。

その中で、「あなたのテーマはどこに当てはまるのか？」を考えてみましょう。


ここまでのステップで、「あなたの伝えたいこと×お客さんの求めていること」が見えてきたはずです。

では、次のステップでは「それをどう形にするか？」を考えていきます。

ただし、大切なのは「売れそうなもの」を探すことではありません。

本当に意味のある発信や商品は、「あなたのワクワク」と「お客さんのありがとう」がつながったときに自然と生まれるものです。

その瞬間に、お金は後からついてくるようになるのです。

【ステップ4】

「欲しい！」と思わせるウリを明確にする

「せっかく商品ができたのに、なかなか売れません……」

そんな悩みをよく聞きます。

でも、その原因は商品の質ではないことがほとんどです。

むしろ、その価値が十分に伝わっていないだけなのかもしれません。

それを痛感したのは、ある作家の電子書籍プロデュースを担当したときです。

それまではその人のファンにしか買われず、ほとんど売れていませんでした。

しかし、タイトルや見せ方を変えた瞬間、Amazonの総合ランキング1位を獲得し、3万人以上に購読されるほどの反響を得たのです。

同じ著者と内容でも、伝え方を変えるだけで売れ行きは大きく変わるのです。

では、あなたの商品・サービスの価値を輝かせる方法を見ていきましょう。

❶魅力的なコンセプトを考える

「なんとなくよさそう」ではなく、「自分にピッタリ！」と感じてもらうためには？

ポイントは、かけ算で考えることです。

たとえば、私がプロデュースして大ヒットしたある電子書籍のコンセプトは、「A4用紙1枚×タイムマネジメント」でした。

シンプルながら、「これなら私にもできそう」「時短になりそう」と、読者が直感的に価値を感じられる切り口でした。

このように、一つだけのアイデアではなく、いくつかの要素を組み合わせた「かけ算」を意識するだけで簡単に魅力的なコンセプトを考えることができます。

他にも「誰に届けるのか×どんな悩みを解決するのか」というかけ算があります。具体的には、こんなイメージです。

・「副業を始めたい30代会社員×収入の増やし方がわからない」
　→コンセプト「初心者でも月5万円！　リスクゼロの副業ガイド」

こうすると、「これ、自分にピッタリかも！」と感じやすくなると思いませんか？

「あなたらしさ×お客さんが共感するキーワード」というかけ算も効果的です。

私のクライアントさんは、「褒める×ＰＤＣＡ」という切り口でヒットしました。

他にも「しょぼい起業」「０円起業」など、その人らしさをお客さんが共感するキーワードにかけ合わせるだけでグッと魅力的に見えるようになります。

❷お客さんが思わず欲しくなるものを言葉にする

どんなに素晴らしい商品やサービスでも、「何が得られるのか？」が明確でないと、買いたいとは思ってもらえません。

これはどうしても伝えたい、受け取ってほしい、と感じることは何でしょうか？

それは、自信がつくことなのか、収入が増える、スタイルがよくなる、安心感が得られる、長生きできる、パートナーができることかもしれません。

または、楽しさ、癒し、知識、勇気、希望など、あなたが提供したい価値のキーワードを言葉にしてみましょう。

これらは、あなたの商品・サービスのご利益《りやく》のようなものです。

これがあるだけで、不思議とお客さんは「何か違う」と感じます。

そして、他の同じようなものを提供している人たちとの差別化ポイントになります。

あなたの商品・サービスを買ってくれた人たちの人生をどんなふうに動かすでしょうか？

ワクワクと祈りの気持ちで考えてみてください。

❸ あなたらしい世界観で伝える

商品やサービスが売れる理由は、レベルの高さやメリットだけではありません。

そこに込められた思いやビジョンが魅力的であることが、お客さんから選ばれる理由になります。

ある料理教室を運営している方は、こんな体験を語っています。

「最初は料理の技術だけを教えるつもりでした。でも、自分自身が料理を通じて救われた経験を話したとき、生徒さんたちの目の輝きが変わったんです」

彼女は、料理をきっかけにうつ病から立ち直った経験を持っていました。

そんな体験をもとにした話を交えながら教室を運営することで、料理初心者でも楽しく通える教室として人気を集めています。

このように、あなたならではの体験や思い、目指しているビジョンなどを語ることで、「この人から学びたい」「この商品なら信頼できる」と感じてもらいやすくなります。

では、あなたの場合を考えてみましょう。

[質問1] どんな体験があなたを動かしましたか?

□「私も昔は片づけが苦手で悩んでいたけれど、小さな習慣を積み重ねて変われた」

□「健康面で悩んでいたとき、ある方法に出会って人生が変わった」

[質問2] どんな想いを大切にしていますか?

□「一人ひとりのペースを大切にしたい」
□「誰でも自分らしく輝ける場所をつくりたい」

【質問3】あなたが目指すビジョンは？

□「子育てママが、もっと自由に生きられる社会に」
□「シニアの方が、いくつになっても夢を追える世界に」

こうしたストーリーやビジョンを織り交ぜることで、あなたの商品やサービスは、単なる「商品」以上の価値を持つようになるのです。

あなたの商品やサービスが、「これが欲しかった！」とお客さんに感じてもらえる日が、きっと訪れます。

そのためには、あなた自身が自分の価値を信じ、楽しみながら届けていきましょう。

あなたのウリが、未来を変える力になります。

【ステップ5】あなたに合った商品・サービスをつくる

「でも、どうやって始めればいいんだろう……」

そんな不安を感じるのは、ごく自然なことです。私自身、商品をしっかりつくろうとしすぎて、なかなか一歩を踏み出せませんでした。

しかし、マーケティングのメンターの言葉が、私の考えを変えてくれました。

それは「小さく始めて、お客さんと一緒に育てていく」という考え方です。

私のクライアントのBさんは、この方法で見事に成功しました。彼女は片づけをテーマに発信したいと思っていましたが、最初から高額なコンサルティングを始めることに不安がありました。そこで、まずnoteで500円の記事を販売してみたのです。そこから5000円のオンラインワークショップにつながり、いまでは30万円の講座にお客さんが集まるほどに成長しました。

ここでは、あなたの発信をお金にかえる具体的な5つの方法をお伝えしていきます。

❶ 小さなコンテンツの販売（100～1000円）

まずは気軽に手に取れるコンテンツから始めましょう。

たとえば、noteの有料記事（100～500円程度）や、電子書籍（300～980円程度）であれば、読者にとってはお試しの感覚で購入しやすく、あなたにとっても気軽に始められる入り口になります。

読者の反応を見ながらテーマや内容を細かく修正していくこともできます。

[例]「朝の準備を10分短縮する、シンプルな工夫」
「人間関係が楽になる、ちょっとした3つの言葉がけ」

❷ オンラインセミナー（3000～5000円）

読者との距離が縮まり、双方向のやり取りができるのがこの方法の魅力です。

Zoomなどを使い、オンラインセミナーやワークショップ形式で開催する人もいます。最初は5~10人程度の少人数だと安心な上、「この人から直接学んでみたい」「質問してみたい」という希望に応えることができます。

90分程度のセミナーで、3000~5000円程度の価格設定が一般的です。

［例］「初めての手帳術――1週間で人生が変わる5つのステップ」
「片づけ相談お茶会」

❸ オンラインサロン（月額1000~5000円）

読者と継続的な関係性を育む方法です。月1000~5000円ほどの月額制で、定期配信や会員限定コンテンツを提供します。

特に大きな価値になるのはメンバー同士の学び合いです。コミュニティとしての温かい雰囲気が、長く続くつながりを育ててくれます。

毎月の安定した収入につながるメリットもあります。

［例］「コツコツ朝時間ラボ」

「夢を叶える手帳サロン」

❹ オンラインコース・高額講座（1万～20万円）

読者の声をもとに、具体的なニーズが見えてきたら、もう少し高い価格帯のオンラインコースや一対多の高額講座を検討しましょう。

1万～5万円、それ以上の価格でも、これまでの信頼や実験的コンテンツが基盤になり、「ここまで一緒に歩んできたから、この金額でも払う価値がある」と感じてくれます。

この段階では、「プロセスエコノミー（試行錯誤の過程にも価値がある）」の考え方が大切です。読者と一緒にカリキュラムをつくり上げることで、人気コンテンツとして成長していくでしょう。また、この商品のパターンは、一度つくったら自分が動かなくても価値が提供され、お金が入ってくる自動化にもつながります。

［例］「自己肯定感を育てる7ステッププログラム」
「30日で整う！　すっきり片づけマスター講座」など

❺ 個別コーチング・コンサルティング（1回3万円〜）

最も深い信頼関係がベースになるやり方です。1対1の個別サポートは、クライアントの変化をより直接的にサポートできるのが特徴です。

たとえば、恋愛コーチのクライアントさんは、個別コンサルを提供することで「素敵なパートナーと出会える確率がグッと上がりました！」と言っていました。

お金を払うのは、自分への投資です。特に、高額なサービスを申し込んだ人ほど、「この金額を払ったからには、絶対に結果を出そう！」という意識が高まり、行動に移しやすくなります。

この流れがお客さんの満足度を高め、あなたのサービスの価値をさらに引き上げることにつながるのです。

［例］「幸せな恋愛を引き寄せるマンツーマンレッスン」
「理想の働き方を実現する6カ月間パーソナルコーチング」など

【ステップ6】お客さんも自分も楽になるビジネスモデルのつくり方

「もっと高額な商品をつくらないといけないのかな」

「もっと頑張らないといけないのかな……」

そんなふうに、自分を追い込んでいませんか？

実は、長く活躍し続けている人には、ある共通点があります。それは「自分にも、お客さんにも、やさしいビジネスモデル」をつくっているということです。


私のクライアントは、最初こう悩んでいました。

「みんな、すごい商品を出している」

「私も、そこまでやらないといけない」

でも、**無理に背伸びをした商品をつくると、案内するのが怖くなり、提供すること自体が不安になってしまいます。**

そんな悪循環に陥っていた彼女が気づいたのは、「私自身が自信を持てない商品を、お客さんが安心して買えるはずがない」ということでした。

そこから彼女のビジネスは大きく変わり、売れる仕組みが生まれていったのです。

世の中には、10万円以上の高額商品だけを販売している人もいれば、数千円の低額商品しか扱わない人もいます。しかし、どちらも一長一短があるのです。

低額商品だけだと、せっかくあなたの価値を必要としている人に、深いサポートを届けられない可能性があります。でも、高額商品だけでは、まだあなたのことをよく知らない人にとって、ハードルが高すぎるでしょう。

そこで大切なのが、「複数の価格帯を用意する」ことです。

これは決して「たくさんの商品をつくる」という意味ではありません。

むしろ、お客さんが今の状況に応じて、選べるようにするということです。

先ほどのクライアントさんは、このモデルをつくってからいい変化が起きました。

500円のnoteを購入したお客さんが、セミナーにも参加してくれます。

セミナーでの出会いが、オンラインサロンでの継続的な学びや交流につながりました。

その人が新しい人を連れてきてくれたり、タイミングがきたら高額の講座に飛び込んできてくれたりするようになりました。

こうして、気づけば月20万円の安定収入が生まれ、しかも、そのほとんどがリピーターからの売上でした。

なぜなら、このモデルには「やさしさの循環」が生まれるからです。

□お客さんが安心して始められて、あなたも楽しく提供できる
□双方に余裕が生まれ、よりよい関係が育つ
□自然と次の商品も生まれるようになる

ただし、ここで重要なことがあります。

「やさしい」＝「安い」ではないということです。

私は、「お客さんにとって買いやすいように」と低価格ばかりにこだわった結果、自分が疲れてしまい、最終的に発信をやめてしまう人を何人も見てきました。

それでは、お客さんにとっても、学びの機会を失うことになってしまいます。

だからこそ、値上げや高価格帯の商品を提供する勇気も大切なのです。

それは自分を大切にするということであり、同時に、本気で変わろうとしているお客さんのためでもあるのです。


適正な価格で価値を提供することこそ、本当の「やさしさ」なのです。


大切なのは、ただ安ければいいわけでも、高ければいいわけでもないということ。

自分が心配になる商品はつくらない。

案内するのが怖いサービスは始めない。

提供してモヤモヤする価格はつけない。

でも、必要なときは価値に見合った価格をつける勇気を持つ。

このバランスを意識しながら、低額商品で日々の安定収入を確保しつつ、中額・高額商品で大きな収益を生み出せるビジネスをつくることが理想です。

このやさしいビジネスモデルこそが、長く続く土台となり、やがて大きな可能性へとつながっていきます。


さあ、あなたはどの商品から始めますか？

そして、どんな価格帯の組み合わせなら、続けていける自信がありますか？

小さな一歩から始めて、そして必要なときは次のステップに進む勇気を持ちながら、あなたらしい商品ラインナップをつくっていきましょう。

【ステップ7】

必要としている人に、確実に届ける方法

「商品が売れません」

「どうすれば、もっと売れるでしょうか？」

そんな相談を受けるたびに、私は一つの質問をします。

「最近、あなたの商品のことを、お客さんにどのくらい伝えましたか？」

すると、多くの方が少し困った表情を見せます。

「押し売りっぽくなるのが嫌で……」

「どう伝えたらいいかわからなくて」

実は、ここにヒントが隠れています。

売れない原因の多くは、「知られていない」からなのです。

なぜそうなるのかというと、第3章で扱った、お金を受け取る罪悪感を持つからです。

大切なのは「売り込む」のではなく、「知ってもらう」というやさしい感覚です。

「そんなにぬるくて大丈夫?」と思うかもしれませんが、安心してください。

あなた独自のウリを明確にして伝えるだけで、自然と買ってくれる人は現れます。

❶ 未来のお客さんを集める

まずは、あなたの商品やサービスに興味を持つ人を集めることから始めます。

具体的には、無料または低価格のコンテンツを提供していきましょう。

たとえば私の場合は、noteで無料または低価格で文章を書いたり、YouTubeで動画を配信したり、数冊の電子書籍を出版しています。

このとき大切なのは、「この人には共感できる」「もっと詳しく知りたい!」と感じてもらえることです。

ここで間違ってはいけないのが、無料だからといって適当な内容にはしないこと。

なんなら、ここにいちばんエネルギーを注《そそ》ぐくらいに考えることをおすすめします。

私のまわりで売れている人の多くは、毎日の無料メルマガに命をかけているという人が少なくありません。

ここで心をつかむことができれば、ただお知らせするだけで商品・サービスが簡単に売れる流れができるからなのです。

❷買いたい気持ちを育てる

ここで多くの人がやってしまいがちなミスは、せっかく興味を持ってくれた人に、すぐに商品を案内してしまうことです。

たとえば、あなたが子育てカウンセラーだとしたら、「こんな悩みはないか」「なぜカウンセリングが必要なのか」「どんな変化が期待できるのか」など、相手が知りたいことを先まわりして伝えるようにしましょう。

すると、こちらから売り込まなくても、向こうから「これ、私に必要かも」「もっと詳しく知りたい」という気持ちが育まれます。

それは、押しつけられた決断ではありません。

自分で見つけた答えであり、その人が自分で感じた必要性なのです。

こうして生まれた買いたい気持ちにより、売り込まなくても「売ってください」と言ってもらえるようになります。

❸ 買ってもらう後押しをする

ここまできたら、いよいよ実際に購入の一歩を踏み出してもらうステップです。

大切なのは、その商品・サービスを購入した後の姿をイメージさせてあげること。

優秀な車の営業マンは、機能や品質を語るだけにとどまりません。

相手が本当に求めているのは、「この車を買った後、自分がどんな豊かな体験を得られるのか」であることを知っているからです。

「この車で休日にどんなところへ行きますか？」

「助手席には誰を乗せて、一緒にどんな思い出をつくりたいですか？」

こう尋ねられると、自然とお客さんの頭の中にワクワクする未来が浮かび、「これが欲しい」という気持ちが高まります。

これは、どんな商品・サービスでも同じです。

購入後の変化を伝えることで、相手は「欲しい」を「決断」に変えやすくなるのです。

また、人によっては、少しだけ強めに背中を押してあげることも大切。

決断することが苦手な人や、大切なことを先送りにしがちな人も少なくないからです。

私自身、「あと一歩の後押しをしてもらえたことで、人生が変わりました」と感謝してくれた人たちが何十人もいます。

ちょっと勇気がいるかもしれません。

しかし、真剣に相手のことを思って、最後のひと押しをしてあげてください。

第5章

発信が続かない？
その〝モヤモヤ〟を
行動エネルギーに変える！

「ネガティブな感情」は、成功エネルギーに変えられる！

発信を始めると、さまざまな感情が波のように押し寄せてきます。

なかでも多くの人が、ネガティブな感情に振りまわされてしまいがちです。

本当はやりたいのに、いろいろと理由をつけてやらなかったり、発信してみたけど、いいねがつかないから続かなかったり、お金になったら嬉しいなと思いながらも、一歩踏み出せなかったりします。

「私はダメだ」と過小評価したり、「こんなことをやっていても意味がない」と諦めてしまったりします。


でも、ここで大切な視点をお伝えします。

感情は英語でエモーション（emotion）、つまりエネルギーの動きです。

あなたの中のすべての感情に、大きなエネルギーが秘められているのです。

それは、ポジティブなものだけではなく、ネガティブなものも同じです。

このエネルギーをうまく使えるようになると、人の心を動かせる発信ができるようになります。


また、情熱についても考えてみましょう。

それは「誰かの役に立ちたい」という願いと、「自分らしく表現したい」という思いが重なるところに生まれます。


「好き」なだけでは、つい自分の心地よさだけを追いかけてしまいます。

「誰かの役に立ちたい」だけでは、自分を押し殺してしまうかもしれません。


でも、この2つが重なると、あなたの内側から尽きないエネルギーが湧いてきて、止めるのが難しいほどの行動につながるのです。

少し想像してみてください。

もし、ふだん感じているネガティブな感情のエネルギーを、すべて発信や人生をよりよくするために使えたとしたら？

毎日1時間、モヤモヤと不安を感じる時間があるとしたら、一年で365時間。

その時間とエネルギーを、全部発信に向けられたら？

毎日1本記事が書けて、一年で365本のコンテンツ資産がつくれるかもしれません。

一日に5回、「私なんて」と自己否定してしまうとしたら、一年で1825回。

もしも、その1825回分のエネルギーを「誰かの役に立ちたい」という情熱に変えられたら？

どれほどポジティブな気持ちや行動が生まれるでしょう。

いままで自分を縛っていた力が、発信によってあなたを解き放つ力に変わるのです。

私も最初は「やってみよう」と思っていても、いつのまにか不安や迷いに飲み込まれることも珍しくありませんでした。ちょっと売れないと、「やっぱり自分はダメだ」と落ち込んでしまいます。これまで何千回も感じた感情です。

でも、あるとき気づいたのです。

これらの感情は、決して敵ではない。

むしろ、無視せずに向き合い、エネルギーとして活用することで、自分を動かす原動力にできるのだと。

本章を学ぶことで、あなたの発信がより力強くなり、あなた自身の人生もさらに豊かなものになるでしょう。

発信をお金にかえる中でぶつかる4つの壁との向き合い方

私が今、発信を続けられているのは、ここで紹介する方法を身につけたからです。

早速、発信をしていく中で、よく現れる4つの壁と、その向き合い方をお話しします。

❶「責任への恐れ」につぶされない

「有料で提供したからには、ちゃんと満足してもらわないと」

「せっかくお金を払ってくれた人をがっかりさせたくない」

こうした責任感は、読者を大切に思う、やさしさの裏返しです。

でも、過度なプレッシャーに縛《しば》られすぎると、新しい一歩を踏み出しにくくなります。

大切なのは、責任を「重荷《おもに》」としてではなく、「もっとよくしよう」という前向きなエネルギーとして受けとめることです。

「完璧にしなければ」ではなく、「できる範囲でていねいに価値を届けよう」と考え方を変えてみてください。

この姿勢は必ず読者に伝わり、あなたの発信がより安心感のあるものになります。

❷「承認欲求」を味方につける

「もっとたくさんの人に見てほしい」

「認められたい・評価されたい」

そんな承認欲求は、しばしばネガティブにとらえられがち。

しかし、上手に活かせば、人気発信者になるエネルギーに変えられるのです。

人気のある発信者の多くは、「自分が評価されたい」という気持ちを、「よりわかりやすく伝えるにはどうしたらいいか?」「どうすれば、読者の役に立てるか?」という視点に切り替えています。こうすることで、「承認欲求」は単なる自己満足ではなく、「多くの人に喜ばれる発信」へと進化していくのです。

❸「比較の罠《わな》」から抜け出す

「あの人にはかなわない」

「私はまだまだだなぁ」

ネットの世界には魅力的な人がたくさんいて、嫌でも自分と他人を比べてしまいます。

でも、あなたが見ているのは、その人の輝いている部分だけです。

裏では同じように試行錯誤《しこうさくご》し、悩みや葛藤《かっとう》を抱えているかもしれません。

比較すべきは、過去の自分です。昨日より少し書きやすくなった、「参考になった」と言ってくれる人が一人でも増えた――それこそが、本当の成長の証です。

自分のペースを守っていれば、他人との比較に意味がないことに気づく日が来ます。

❹「成功への恐れ」をやわらげる

「もし成功したら、友人が離れていくかも」

「お金や影響力が増えたら、自分が変わってしまわないかな」

成功が近づくと、不思議なことに怖くなることがあります。

でも、成功は決してあなたを悪い方向へ導くわけではありません。

むしろ、心に余裕をもたらし、読者との関係をより豊かにするチャンスになります。

成功は、あなたを傲慢《ごうまん》にするのではなく、新たな選択肢や自由を増やし、発信を楽しむ幅を広げてくれるものなのです。

「成功することで失うもの」から、「成功することで得られるもの」に目を向けてみてください。


これらの4つの壁とネガティブな感情は、誰もが経験するものです。

その正直な気持ちに、まずは「ありがとう」と声をかけてあげてください。

なぜなら、それはあなたが本気で発信と向き合っている証だからです。

その感情こそが、あなたの発信をより深く、より魅力的なものへと導いてくれる大切な存在なのです。

「怖いけどワクワクすること」を選ぶと人生は変わる！

あなたが本当にやりたいことには、いつも「怖さ」が伴《ともな》います。

それが、大切なことであればあるほど、その怖さは大きくなるものです。

まるで、その怖さの大きさが、あなたにとってどれだけ大切なことなのかを教えてくれているように。


「有料の記事を出してみたい。でも、怖い」

「セミナーを開きたい。でも、人が集まるか不安」

「オンラインサロンを開きたい。でも、自信がない」

大切なことこそ、うまくいかなかったときのハートブレイクが大きくなります。

頭が真っ白になったり、足がすくんでしまったりするのは、当たり前の反応なのです。

あるとき、私は独立したばかりの編集者のセミナーをプロデュースしました。

その方には素晴らしい実績もあり、提供できる知識もたくさんありました。

それでも、「自分が話すことに価値があるのか？」と不安になり、なかなか踏み出せなかったのです。

結局、企画から開催までに、半年以上の月日がかかりました。

でも、あとになってこう言っていました。

「いま思えば、あの怖さは『私にとって本当に大切なこと』というサインだったんですね」

怖さは、単なる恐れではなく、あなたの心が大切なものに出会った証拠なのかもしれません。

あるヒーラーの女性は、最初のセッションをリリースする前、不安で夜も眠れませんでした。

「どうせうまくいかない」

「誰も求めていないのでは?」

そんな思いが胸の中で渦巻き、1年もの間、踏み出せなかったそうです。

でも、彼女は勇気を出して、怖さの向こう側に一歩踏み出しました。

すると、その先には、ちゃんとお客さんが待っていたのです。

そして、最初のお客さんからこんな言葉をもらいました。

「しばらく眠れないほど悩んでいたのに、あなたのセッションを受けてから、よく眠れるようになりました。本当にありがとうございます」

その瞬間、彼女は心の底から思ったそうです。

あの怖さを乗り越えて、本当によかった。

この報告をもらった私は、思わず椅子から立ち上がって、万歳しました。

だから、いまのあなたに問いかけてみます。

「怖いけどワクワクすることは何ですか？」

あなたが感じている「怖さの正体」は、実は「大切なこと」だからこそ生まれたものなのかもしれません。

もしかしたら、いまはそう思えないかもしれません。

それでも、あなたが勇気を出して前に進んだとき、変わる運命があります。

震えながら踏み出した先には、あなたのことを待っている人がいます。

その出会いのために、少しずつでいいのです。

そろそろ「そのとき」が来ているなと感じたら、どこかで勇気を出して、あなたの大切なことを始めてみませんか？

情熱は「痛み」から生まれる——ネガティブな感情の使い方

私たちの情熱は、しばしば深い痛みから生まれます。

不思議なことのように思えるかもしれませんが、実はとても自然なことなのです。

人は誰でも、できれば思い出したくない経験を持っているのではないでしょうか？

仕事での大きな失敗、人間関係での深い傷つき、夢を諦めざるを得なかった瞬間。

しかし、その「悲しみ」や「苦しみ」にこそ、あなたにしか生み出せない価値が眠っているのです。

ある心理カウンセラーにとって、長年の引きこもり経験は人生最大の暗闇でした。

でも、その経験があったからこそ、同じ悩みを持つ人の心に深く寄り添えたと言います。

もしもまだ、あなたが悲しみを完全に乗り越えられていなかったとしても大丈夫です。

むしろ今まさに悩んでいる人にとっては、同じ痛みを知っているということ自体が、何よりの救いになることもあります。完璧な解決策を持っていなくても、同じ痛みを知る存在であることが力になるのです。

あなたが体験したネガティブな出来事は、誰かにとっての希望の光かもしれません。育児中の孤独に悩んだ経験、学校や職場でいじめに苦しんだ日々、理想と現実のはざまで揺れた時間など。

その一つひとつが、同じ悩みを抱えている人にとっては、「私だけじゃないんだ」という安心や「私も乗り越えられるかもしれない」という勇気、そして「一歩を踏み出そう」というきっかけになるのです。

だから、深呼吸して問いかけてみましょう。

「自分の人生で最もつらかった経験は何だろうか？」

「いまでも心が痛むような出来事は何だろうか？」

リストラ、病気、借金、いじめ、両親との不和、離婚など、人生には心を揺るがすような出来事がいろいろあるでしょう。

どれも、決して簡単に語れるものではありません。

でも、あなたがそれを乗り越えようとした、その時間こそ、あなたが本気で生きてきた証拠なのです。

そして、こう問いかけてみてください。

「もし、いま、同じような経験をしている誰かがいるとしたら、私はその人に何を伝えてあげたいだろう？」

私は、有料noteというクローズドな場所で、両親との関係に悩んだ経験について書いたことがあります。

すると、読者からこんなコメントが届きました。

「自分の両親とのことを思い出し、涙が出ました」

それまでで一番多くの反応と、温かいメッセージが返ってきたのです。
このように、私たちの痛みは、誰かの癒しや希望になることがあるのです。

さらに、不思議なことが起こります。

自分のネガティブな体験を発信することで、あなた自身も癒されていきます。

誰かの役に立てているという実感が、古い傷に新しい意味を与えてくれるからです。
「過去」の痛みだったものが、誰かの「未来」を照らす光になっていく。
それは、まるで心の奥で起こる癒しの化学反応のようなものです。

今日から少し違う目で、あなたの痛みを見つめ直してみませんか？
その痛みこそが、あなたならではの情熱の源泉なのかもしれません。
そして、それは誰かの人生を明るく照らす光になる可能性を秘めています。

モヤモヤを行動エネルギーに変える3つのステップ

感情は、あなたを攻撃してくる敵ではありません。

むしろ、あなたを守り、よりよい方向へ導こうとしてくれる大切な存在です。

私たちは本来、ポジティブなエネルギーを持っています。

子どもたちを見ていると、よくわかります。彼らは基本的に元気でエネルギッシュ。いつもワクワクしていて、新しいことに興味津々《きょうみしんしん》。「これは楽しい！」「あれをやってみたい！」という気持ちに満ちあふれています。

私たち大人も、本来は同じような感情を持っています。ただ、「こうあるべき」や「こうしなければ」という思い込みで、その自然な情熱が隠れてしまっているだけなのです。

ここでは、ネガティブな感情を味方につけるための3つのステップをお伝えします。

［ステップ1］気づく＝感情が教えてくれる大切なメッセージ

まず大切なのは、いま、自分がどんな感情を抱えているのかに気づくことです。

「なんだか重たい気持ちがする」

「なんとなく前に進めない」

「どこか引っかかる感じがする」

そんなモヤモヤした感覚が浮かんできたときは、まず立ち止まり、その感情に耳を傾けてみましょう。

「あ、これは『不安』という感情だな」

「いまの気持ちは『恐れ』というものかもしれない」

「この重さは『責任感』からきているのかも」

感情に名前をつけるだけで、少しずつ気持ちが整理され、漠然としていた不安が具体的な形を持ち始めるのです。

そうすると、その感情があなたに何を伝えようとしているのかが見えてきます。

［ステップ2］深める＝その奥にある「誰かの役に立ちたい」という願い

次は、その感情が何を伝えようとしているのか、その意図を理解することです。
「不安」は、あなたにしっかり準備をしたほうがいいと教えてくれている。
「恐れ」は、あなたを危険から守ろうとしている。
「責任感」は、あなたが誰かによりよい価値を届けてほしいと願っている。
このように、感情の裏には、必ずあなたを思いやるメッセージが隠れています。
さらにその奥には、「誰かの役に立ちたい」という純粋な願いが眠っているのです。
この願いに気づくとき、ネガティブな感情との関係は大きく変わり始めます。

［ステップ3］変換する＝その願いを原動力に変えていく

最後は、その「誰かの役に立ちたい」という願いを、具体的な行動に変えていきます。

感情を無視するのではなく、その意図を理解し、「どうすればこの気持ちをプラスのエネルギーに変えられるだろう？」と視点を変えてみましょう。たとえば……。

「不安だからこそ、ていねいに準備できる」
「恐れがあるからこそ、よりよいものがつくれる」
「責任を感じるからこそ、真剣に向き合える」

このように考え方をシフトすると、不思議なことが起こります。

「もっと役に立ちたい」「私はきっとうまくいく気がする」という、ポジティブな気持ちが自然と湧いてくるのです。

ポジティブにならなければ、と無理をする必要はありません。

ネガティブな感情を手放せば、もともと持っている明るさや前向きさが自然とあふれてきます。私もこの考え方を続けたことで、発信に疲れたり、ネガティブになることが少なくなりました。

このプロセスは、一度で完璧にできなくても大丈夫です。

むしろ、小さな練習を重ねるたびに、新しい発見や成長の喜びが待っています。

楽しみながら、少しずつ取り入れてみてください。

心を整える「3つの魔法の言葉」

毎日の発信をするとき、新しいセミナーを募集するとき、私は心の中で3つの言葉をつぶやくようにしています。

その言葉とは「ごめんなさい」「きっと、うまくいく」「ありがとう」です。

「どういうこと?」と不思議に思う人もいるかもしれません。

しかし、この3つの言葉には、あなたの情熱を後押しし、あなたらしいエネルギーを込める力があるのです。

❶「ごめんなさい」で完璧主義から解放される

特に有料コンテンツを出すとき、価値あるものをつくらなければと肩に力が入ってしまいます。

「お金をいただく以上、完璧なものを届けないと」

「一人でもクレームが出たら大変だ」

この完璧主義が、あなたの情熱や才能を抑え込み、あなたを待っている人を幸せにする可能性を消してしまうのです。

だからこそ、先に「ごめんなさい」と心の中でつぶやきます。

「いまの私の100の力で取り組みます。でも、満足できなかったらごめんなさい」

そうすると、プレッシャーから解放され、「完璧じゃなくても伝えよう」と思えるようになるのです。

どんなに頑張っても、すべての人を満足させることはできません。

それは、一流のプロの人であっても同じこと。

「ごめんなさい」と言えるのは、自信がないからではなく、「いまの自分を受け入れる勇気」があるからなのです。

❷「きっと、うまくいく」で情熱を行動に変える

この言葉には、不思議な力があります。

まずは、自分自身に向けてつぶやいてください。

「きっと、うまくいく」

「きっと、大丈夫」

根拠がなくても構いません。ただ、自分の可能性を信じることが大切です。

すると、不思議と前向きな気持ちになり、少しずつ行動が変わっていきます。さらに、この言葉は自分だけでなく、誰かを思いながら使うと、もっと大きな力を発揮します。

たとえば、健康の問題を誰にも言えず孤独に悩んでいる人、上司のパワハラに困らされている人、独立してやっていけるか不安な人……そんな人を思いながら、そっとつぶやいてみてください。

もちろん、これは科学的に証明できるものではありません。

でも、私は実感しています。

誰かを信じる気持ちが、自分への信頼に変わります。

誰かを励ます言葉が、自分への応援になります。

誰かの可能性を信じる心が、自分の可能性も開くのです。

だから、自分の発信に迷ったとき、ぜひ試してみてください。

誰かのために、この言葉をつぶやいてみましょう。

その瞬間、不思議なことに、あなた自身への力強いエールとなって返ってくるのです。

❸「ありがとう」で未来が動き出す

「ありがとう」には、時を超える力があります。

ほとんどの人は、何かをもらってから「ありがとう」と言います。

でも、まだ起きていないことに「ありがとう」と言ってみるのです。

投稿ボタンを押す前に、こうつぶやいてみてください。

「この言葉を待っていてくれて、ありがとう」

「価値を感じて応援してくれて、ありがとう」

「人生を変える勇気を出してくれて、ありがとう」

文章は、「きっと誰かに届く」と思って書いたものと、「どうせ誰も読まないかもしれない」と思って書いたものとでは、伝わる空気感がまったく違います。

だから、「ありがとう」と先に言うのです。

そうすると、現実が動き始め、最高の未来を引き寄せ、奇跡のような出会いが生まれていきます。

これは単なる願望やスピリチュアルな話ではありません。

「ありがとう」という心が、あなたの言葉をよりていねいにし、より自分らしいものにしてくれます。そんな言葉だからこそ、誰かの心に届き、感謝やお金となってあなたのもとに帰ってくるのです。

この3つの言葉をつぶやくことで、あなたの発信は、より深く、より遠くへと届くようになっていきます。

それは、あなたらしさを解き放つ、小さな魔法なのです。

あなたの本当の「使命」に気づく方法

あなたは気づいていますか？

日々の生活の中で、不思議と力が湧いてくる瞬間があることに。

それは、誰かの話に耳を傾けているときかもしれません。

文章を書いているとき、話をしているとき、コーチングをしているとき、料理をつくっているとき、子どもたちに接しているとき。


時間を忘れて没頭している自分に出会うことはありませんか？


最初は、ただ「好きなこと」だから没頭するのだと思っていました。

でも、自分自身やクライアントさんの姿を見ていると、それは「好き」以上の何かかもしれないと感じるようになりました。

たとえば私の場合、発信する勇気。

確かに、自分で決めて書いた書籍です。

でも同時に、何かに「選ばれた」感覚があるのです。

なぜなら、このテーマを扱っているとき、不思議なほど力が湧いてきます。

また、偶然とは思えない出会いや出来事が、何度も何度も起こるのです。

まるで、「頼んだよ」と密かに託《たく》されていて、同時に「私がついてるよ」と応援されているような感覚です。

最初は気のせいかもしれないと思いました。

でも今では、その感覚は決して錯覚ではないと信じています。


私たち一人ひとりは、この世界に無数にある「役割」の中から、自分にピッタリの「何か」を、自然と引き寄せているのかもしれません。

たとえば、子どもの笑顔を見ると自然と心がおどる人。

その人は、次世代の希望を育むことに特別な才能を持っているのかもしれません。数字を見ると不思議にワクワクする人。

その人は、経済の仕組みをわかりやすく伝えることに、独自の感性を持っているのかもしれません。

誰かの悩みを聞くと、心から祈りと愛があふれてくる人。

その人は、人の心に寄り添うという大切な役割を持っているのかもしれません。

それぞれが、生まれながらに持つように見える「何か」。

それは、ただの趣味や関心ではなく、世界があなたに託した「役割」なのかもしれません。

私はそれを、「使命」なのではないかと考えています。

でも、それは重たい責任でもなければ、難しいものでもありません。

むしろ、あなたの才能がいちばん輝く場所であり、世界であなたにしか果たせない大切な役割なのです。

使命は、どこかに探しに行って見つけるものではありません。

あなたの中から湧いてくる「これをやりたい」「これをやったほうがよさそう」という情熱を感じたら、それが使命。ただ、それを勇気を出して行動していくだけ。

そうすれば、きっと気づくはずです。

あなたにしかできない何かが、確かにそこにあることに。

それを形にするたびに、あなたも、誰かも、世界も、少しずつ、でも確実に、豊かになっていくことに。

それが、人生における使命なのかもしれません。

第6章

「発信が資産になる！」——3年後に自由な未来を手に入れる方法

「お金のなる木」を育てるために必要なこと

コンテンツを「お金のなる木」に例えると、とてもわかりやすくなります。

なぜなら、コンテンツビジネスは本物の木と同じように、時間をかけて育ち、実を結び、そして持続的に収益をもたらすものだからです。

ありがたいことに、発信には「賞味期限」がありません。むしろ、時間が経つほど価値が増していくのです。なぜなら、あなたの言葉を必要とする新しい読者が、毎日生まれ続けているからです。お金のなる木には、次の3つの特徴があります。

❶ 一度植えたら、ずっと実を結び続ける

コンテンツは、一度しっかりつくり上げれば、あなたが働いていない間も働いてくれる

資産になります。

1年前に書いた記事が今でも収入を生み出したり、5年前につくったオンライン講座が今でも新しいお客様に購入されたりします。これは、まさにお金のなる木のようなもの。あなたが病気で寝込んでいる間も、家族と旅行している間も、お客さんと出会い、収益を届け続けてくれるのです。

❷ 時間とともに大きく育つ

最初は、ほんの小さな芽にすぎません。

毎日コツコツとnoteやXに投稿するだけだったり、有料コンテンツをリリースしてもほとんど売れなかったりすることもあります。

でも、植物に毎日水をやるようにコツコツと手入れを続けることで、少しずつ幹が太くなり、枝が伸び、葉が茂っていきます。

こうして育った木は、台風が来てもびくともしないように、どんなに時代が変わってもちょっとやそっとでは影響を受けずにお金を生み出し続けてくれます。

❸ 次の木を育てるタネになる

お金のなる木は一度育てると、次の木を生み出すタネになるという特徴があります。

一つの商品を買ってくれた人が次の商品も購入してくれたり、お客さんがまわりの人に紹介してくれることで新しい木が育ったり、電子書籍→セミナー→個別コンサルというように別の形でビジネスが広がっていったりします。

こうして、あなたのコンテンツは木から森へと、少しずつ広がっていくのです。

ただし、このお金のなる木には「守るべき大切な原則」があります。

まず、一晩で育つことはありません。時間をかけることを恐れないでください。

そして、他人の木を真似しても実はなりません。

柿の木のタネを持っている人が、桃の木を育てようとしても無理なのと同じことです。

さらに、一度植えたものを放置していてはよくありません。

日々ちょっとずつ世話をすることが必要です。

でも、これさえ守れば、**お金のなる木は誰でも育てることができるのです。**

実際、私が関わってきた多くの方が、このお金のなる木を育て、実りある人生を手に入れています。しかも、その木々の種類はさまざまです。

専業主婦だったAさんは、2年で月収20万～30万円の木を育て上げました。

会社員のBさんは、副業として月5万円の木を育てています。

独立したCさんは、複数の木を育て、年収1000万円を実現しました。

彼らに共通するのは、特別な才能でも、専門的なスキルでもありません。

ただ、正しい方法でコツコツと、自分らしい木を育て続けただけ。

つまり、お金のなる木は、誰にでも育てることができるのです。

では、具体的にどうやって育てていけばいいのか？

それを、これから詳しくお伝えしていきましょう。

「発信×お金」で雪だるま式に収益を増やす3つの法則

コンテンツビジネスには、面白い法則があります。

長年、多くの方の成功事例を見てきて気づいたのは、お金が増えていく過程には、必ず3つの法則が働いているということでした。

［法則1］ある日突然、売れるようになる

コンテンツ発信を始めたばかりの頃は、何の反応もない日が続くのが当たり前です。

たとえば、まだ学生のDさんも、最初の3カ月間はまったく反応がありませんでした。

毎日コツコツと、心理学の学びや気づきを書き続けるだけの日々。

「正直、このまま誰にも読まれずに終わってしまうのかな……」

そんな不安を抱えながらも発信を続けていると、4カ月目に入った頃、突然の変化が訪れました。

「この内容、もっと詳しく知りたいです」「有料noteも購入してみたいです」

読者からこんなコメントが届き、100円の有料記事が週に3〜5件のペースで売れ始めたのです。

これは、発信を続けることで、あなたの言葉や価値が「臨界点」を超えたということ。それまでの努力が、ある日突然、一気に実を結び始めるのです。

[法則2] 過去の商品がずっと売れ続ける

2つ目の法則は、一度売れ始めた商品は、あなたが何もしなくても売れ続けるというものです。

たとえば、私の一冊目の電子書籍は、1年分のnoteの記事を抜粋・編集しただけのものでした。ところが、その電子書籍は初月で23万円の印税を生み、5年経った今でも毎月数十人の方がダウンロードしてくださっています。

7年前に勇気を出して初めて出した有料記事も、いまだに毎月売れています。古い記事も、新しい記事も、すべてがあなたの収入に貢献し続けてくれるのです。

コンテンツが増えるほど、「24時間、365日、自分が動いていない間にも自動的にお金を生み出す仕組み」がつくられていきます。

[法則3] 次の商品が前より売れやすくなる

そして最も心強いのが、3つ目の法則です。

最初の商品が売れると、次の商品はより売れやすくなります。発信を続けることで、あなたのファンが増えていくからです。

たとえば、最初の有料記事が1カ月で5本売れたとします。次の記事は月に12本売れて、3つ目の記事は25本売れるようになります。

なぜこうなるのでしょうか？

それは、新しい人があなたのことを知ってくれたり、リピーターが増えて継続購入してくれる人が現れたり、商品のつくり方も上達したりしていくからです。

これらの法則は、まるで歯車がかみ合って、まわり続けるように連動して働きます。

この3つが揃《そろ》うことで、あなたの収入は雪だるま式に増えていくのです。

あるクライアントは、この3つの法則の通り、わずか一年で月収15万円を超えました。

いまでは副業収入として安定し、好きな家族との旅行を増やすことができています。


これは、「運」や「才能」の問題ではありません。

発信を続ければ続けるほど、これらの法則があなたの味方になってくれます。

よく「いまから発信を始めても遅いのでは?」と心配する人がいます。

しかし、**コンテンツの価値は、時間とともに失われるものではなく、積み上がるものなのです。**

だからこそ、今日から始められることが大切なのです。

最初の一歩を踏み出せば、これらの法則は必ずあなたの味方になってくれます。

そして、あなたが想像もしなかった景色が、きっと広がっていくはずです。

発信をお金にかえるには「つくること」と「売ること」だけ！

発信をお金にかえるときの、ある意外な真実があります。

収入の高いクリエイターほど、やっていることがシンプルだということです。

逆に、なかなか収入が安定しない人ほど、やることが複雑になっています。

この違いは何なのでしょうか？

収入が伸び悩む人の一日を見てみましょう。

朝からSNSのチェック。投稿の「いいね」の数を確認し、今日は何をやろうか悩みます。フォロワーを増やすための発信もしないといけないし、売上を上げるためのセミナーも考えないといけない。そのためにも、新しいマーケティング手法の勉強や動画編集の技術も磨かなきゃ。と、毎日やることが増えてしまい、どれも中途半端なまま終わるのです。

一方、安定した収入を得ているクリエイターは、驚くほどシンプルです。
「今日はつくる日」「今日は売る日」と、やることがはっきりと決まっています。
余計なことは考えず、「つくること」と「売ること」に集中しています。
うまくいっている人は、たったこれだけしかやっていないのです。

収入が伸び悩んでいる人が、中途半端になってしまうのには理由があります。
人間の脳は、一度に複数のことを処理するのが苦手だからです。
つくること、売ることを同時に考えようとすると、どちらも中途半端になります。
だから、つくる日と売る日を決めるだけで、驚くほどパフォーマンスが上がるのです。
「つくる日」を決めるとそれに集中し、売上や反応を気にせずに済むようになります。
お客さんの幸せを真剣に考えられるので、売れる商品を生み出せるのです。
「売る日」を決めると、迷わずにアピールすることだけを考えるようになります。
既存の商品をどうやって伝えれば「欲しい」と思ってもらえるかに集中できるのです。
この切り替えをするだけで、発信のストレスが大幅に減ります。

日ごとに「つくる日」と「売る日」を分けるのが自分には合わないと思う人は、自分らしい有料と無料の配信ペースを決めるのも効果的です。

多くの人は「いい内容ができたら出そう」と考えます。

でも、それだとなかなか長続きしません。

私の場合は、まず「週に1回、有料noteを配信する」というペースを決めました。

うまく書くことよりも、決めたペースを守ることを優先したのです。

そして、残りの日は無料でnoteを書いて、そこで有料noteを案内します。

すると、不思議なことが起きました。

ペースを決めたことで、アイデアが自然と湧いてきて、読者も「来週も楽しみ」と待ってくれるようになりました。

結果、発信の負担は減ったのに、収入は安定して増えていったのです。

無理をする必要はありません。

私のクライアントの一人は、3カ月に1回オンライン講座をやって、月1回だけメルマガ配信をして、年間500万円の売上を上げています。
自分に合ったペースで発信を続けるだけで、十分にお金は生み出せるのです。

だから、最先端のノウハウや難しい戦略に惑わされる必要はありません。
あれこれ手を出すのではなく、むしろやることを減らしていきましょう。
「つくること」と「売ること」、この2つだけに集中してみてください。
ペースをしっかりと決めてみましょう。
そうすれば、どんどんつくるスピードが上がり、売り方がうまくなっていきます。
シンプルなやり方が、あなたを次のステージへと連れていってくれるはずです。

【1年目】

最初の「ありがとうのお金」を受け取る

3年後、あなたのコンテンツは立派な「お金のなる木」として実を結ぶでしょう。

しかし、木を育てるように、段階的な成長が必要です。ここでは、0円からスタートして月収20万〜30万円を目指す具体的なロードマップをお伝えします。

❶ 種まきフェーズ（0〜6カ月目）

この時期は、何を発信すればいいかわからない、誰も反応してくれない、という不安との戦いかもしれません。

でも、この最初のタネまきこそが、あとの大きな成果につながるのです。

まずは、発信を習慣にするところから始めましょう。たとえ「いいね」が1つしかなくても、その人の存在を感じながら、自分らしい発信を確立することが大切です。

ある女性クライアントは、最初の2カ月で一度挫折しました。投稿を続けても反応が少なく、モチベーションが下がっていったのです。しかし、あるとき、「いいね」や「フォロワー」という数字を追いかけすぎていたことに気がつきました。

そこで、自分が本当に伝えたいことだけを書くようにしました。文章に強さが生まれ、3カ月目から共感のコメントがつき始めたそうです。

このフェーズでの目標は、毎日1回の発信を90日間続ける、最初の商品（1000〜3000円程度）をつくる、コアなファン10人をつくることを意識してみましょう。

「たった10人？」と思うかもしれません。でも、この10人が、あなたの最初のファンであり、お客さんになるのです。

この時期に大切なのは、「続けるという実績」をつくること。そして、何よりも大事なのは、勇気を出して「初めての有料コンテンツ」を販売することです。

「よく勇気を出したね」

「一歩を踏み出せたね」

「いまの自分にできることをやったね」

この小さな自己承認が、次の一歩を支える大きな力となっていくのです。

先ほどの彼女は、最初の10人のファンから「もっと詳しく知りたい」という声をもらい、3000円のオンラインお茶会を開催し、月3～5人が参加されるようになりました。

重要なのは、数字の大小ではありません。たとえ小さくても、お金が入ってくる流れをつくることです。

❷ 発芽フェーズ（7～12カ月目）

7カ月目からは、嬉しい変化が表れ始める時期です。

最初の商品が少しずつ売れ始め、リピーターも現れ始めます。

先ほどの方は、オンラインお茶会に加えて、個人相談や電子書籍をリリースしました。

すると、新しい商品を出すたびに、前の商品も一緒に売れるようになりました。

「お茶会に参加して満足された方が、有料noteにも興味を持ってくださって……気づいたら、一人で2つ、3つと買ってくださる方も出てきたんです！」と。

このフェーズの目標は、商品ラインナップを5つ以上に増やす、コアなファンを50人にする、月収1万〜5万円を安定させることを意識してください。

この時期に最も大切なのは、ファンとの関係づくりです。

単なる情報発信ではなく、読者との信頼関係を築く発信に変えていきましょう。

自然とあなたのコンテンツが求められ、お金を生み出すようになっていきます。

1年目で大切なのは、3つのことです。

① 毎日の発信を習慣にすること

② 最初の商品で「お金をいただく」という経験をすること

③ あなたを応援してくれる最初のファンを見つけること

これらの土台があれば、2年目からは自然と収益が伸びていきます。

では、その具体的な方法をお話ししていきましょう。

【2年目】

あなたの価値が認められ、発信の影響力が生まれる

2年目に入ると、小さな芽が確かな幹として育ち始めます。

この時期の特徴は、あなたのコンテンツが3つの方向で進化していくことです。

❶ コンテンツをわかりやすく体系化する

最初の1年は、手探りのまま発信を続けることが多くなります。

でも、1年間分の投稿やSNSの記録を見返してみると、そこには「あなただけの法則」が隠れています。

たとえば、あるクライアントは、会社で管理職を担当し、コーチングを学んでいるという立場でした。

「バラバラに書いていたマネジメントやコーチングの記事を整理してみたら、5ステップが見えてきました。それぞれに私なりのコツがあったのです」

私も1年間noteに書いた文章術関連の記事をまとめてみると、エッセイの書き方のセミナーのスライドができあがったのです。

このように、過去の投稿を振り返ることで……

□コーチングの学びやコツ↓1週間ミニコーチング音声に
□バラバラな記事↓体系的なセミナースライドに
□散らばった知識↓5ステップ式の教科書型の電子書籍に

と、体系化することで、読者にとってよりわかりやすく、実践しやすいコンテンツへと成長していきます。

❷コンテンツを何回もお金を生み出す資産として育てる

2年目になると、これまでのコンテンツを新しい形で届けることが可能になります。

・**過去の無料記事を抜粋《ばっすい》し、電子書籍として出版する**
・**YouTubeの動画を書き起こして、ブログに再利用する**
・**オンラインサロンの内容をまとめて教材をつくる**

これは、使いまわしで稼《かせ》ぐというよりも、過去のコンテンツを大切に扱うということです。過去の発信を活かし、より多くの人に届けることで、未来の自分に収益を生み出すことができます。

具体的には、次のような工夫を始めましょう。

・**無料記事の最後やSNSで、過去の有料コンテンツを紹介する**

・YouTubeの説明欄に、詳しい内容の電子書籍を案内する

毎回でなくて構いませんが、3回に1回は有料コンテンツをお知らせするなどの習慣をつくってみてください。

最初は売れなくても構いません。でも、塵《ちり》も積もれば山となります。きっと数年後にその威力に驚き、過去の自分に感謝することになるでしょう。

❸コンテンツのポジションをズラす

他の人と同じことをしていては、埋もれてしまいます。

この時期、あなたならではの「独自の切り口」が見えてくるはずです。

あなたのメインテーマを少しずつシフトさせ、進化させていきましょう。

最初の「好き」や「得意」を軸にしながら、徐々に新しい価値を加えていくのです。

私の場合、「発信」というメインテーマを持ちながら、「note収益化」「Kindle出版」「コンテンツ販売の自動化」と、少しずつポジションをシフトさせてきました。

さらに「発信する勇気」「発信で夢を叶える」「才能やライフワークにフォーカスする」など、テーマを広げています。


このフェーズでもう一つ考えたいのが、「価値の段階的な提供」です。

たとえば、よくある質問への回答をストックしておく、サービスの説明資料をまとめる、定期的なオンライン相談会を行うなど、まずは基本的な仕組みを整えます。

そして、ここからが重要です。

1年目で築いた信頼をもとに、より深い価値を提供する高額サービスにもチャレンジしてみましょう。

実際、あるクライアントは2年目に入ってから、初めて3万円のコンサルティングの案内をしました。最初は不安だったそうです。

「こんな金額で、申し込んでくれる人がいるのかな」

でも、有料noteなどを買ってくれていた方から、嬉しい言葉をいただいたといいます。

「ずっとあなたから学びたいと思っていました。やっと個別で相談できる機会ができて、本当に嬉しいです」

さらに、高額サービスを始めたことで、思いがけない効果も生まれました。

5000円の商品がより売れやすくなったのです。

「まずは気軽に試してみよう」という新しいお客さんが増えたのです。

このように、2年目は新しい挑戦をする時期。

1年目で築いた信頼という土台があれば、より大きな価値提供も受け入れられ、収益も上がっていきます。

【3年目】

夢が実現していく、あなたの未来

3年目に入ると、お金の受け取り方に大きな変化が訪れます。

最初の頃は1件の売上に一喜一憂していたことを、懐《なつ》かしく感じられるようになります。

なぜなら、この頃には、お金が自然にまわる仕組みができているからです。

このような知らせが舞い込むようになります。

朝　：起きたら、noteの新着通知で3件1500円の入金
昼　：先月の電子書籍の印税が3万円、個人コーチング1名
夕方：オンラインサロンの月会費が25名分自動更新
夜　：国内外からセミナーに30人参加

こうして、あなたが意識しなくても、価値とお金が自然に回る仕組みが整っていきます。

また、3年目には「あなたのブランド」が確立されていることに気づくはずです。

「あの人の発信なら、間違いない」

「あの人から学びたい」

「次の企画も楽しみ」

こんな声がどんどん集まるようになります。

これは、必ずしも有名になるということではありません。

あなたの発信を必要としている人たちとの間に、深い信頼関係が築かれているということです。

たとえば、あるクライアントは、子育ての悩みに寄り添う発信を続けてきました。3年目には、フォロワー数はそれほど多くありませんでしたが、「この人の言葉には魔法のような力がある」と口コミで広がり、毎月の講座がすぐに満席に。

別のクライアントは、ファイナンシャルプランナーとして、お金の不安解消をテーマに発信を重ねてきました。

すると3年目には「お金の心理カウンセラー」として認知され、企業からの講演依頼も来るようになりました。

これらのブランドは、意図的につくられたものではありません。


あなたが大切にしてきた思いと、日々積み重ねてきた言葉が、自然と信頼につながってできたものです。


この変化は、さらに大きな可能性への扉を開いていきます。

より大切な変化は、収入の増加だけではありません。

お金に込められた「ありがとう」の重みが、まったく違うものになっているのです。

「この本のおかげで、長年の夢だった起業ができました」

「あなたのコンテンツで人生が変わりました」

「家族との関係がよくなって、毎日が幸せです」

こんな言葉が、お金と一緒に毎日届くようになります。

この変化は、ある意味で当然の結果ともいえるでしょう。

なぜなら、あなたが3年間、積み重ねてきた発信には、膨大な経験と愛情が込められているからです。

その膨大な価値は、誰かの人生を動かし、大きな変化を生み出していきます。

3年目を迎えた今、あなたはすでに夢を叶える方法を知っています。

発信を続ければ価値が生まれ、届け続ければ誰かの役に立ち、積み重ねれば、お金も自由も手に入ります。

この3年間で築いてきたものが、すでにその証明となっているのです。

だからこそ、いまのあなたなら、これから先、どんな未来でもつくり出せるはずです。

「もっと自由な生き方を目指すのか？」

「もっと多くの人に価値を届けるのか？」

「自分のコンテンツを、さらに大きなプロジェクトへと育てていくのか?」

あなたの目の前には、まだ見ぬワクワクする未来が広がっています。

これまで積み上げてきた発信という資産を、さらなる夢へとつなげていきましょう。

第7章

「発信する人」だけが手に入れられる5つの特権

自分の喜びを優先したら、お金が自然とついてきた！

人間は、目標を達成することよりも、喜びという感情を味わいたい生き物です。

これは、発信をお金にかえていく過程で、身をもって学んだことでした。

あるとき、私は「お金を稼げば幸せになれる」と信じ込んでいました。

そこで「売上を倍にしよう」という目標を立て、必死で努力しました。

深夜まで働き、新しいプロジェクトを立ち上げ、予定通り目標は達成できました。

でも不思議なことに、思い描いていたような幸せは訪れなかったのです。

むしろ達成してすぐに、「もっと稼がなければ」という不安が生まれて、疲れてしまいました。

そんなとき、メンターから一つの質問を投げかけられました。

「あなたは何のために、お金を稼ぎたいの？」

メンターのその一言で、私は凍《こお》りつきました。
その瞬間、すべてが明確になったのです。
知らない間に、自分よりもお金を上に置いてしまっていた。
お金のために自分の喜びを犠牲にしていたことに気づいたのです。
そのとき、大切なことが見えてきました。
お金を稼ぐことは、決して人生の目的ではないということです。
お金は、より豊かな人生を送るための手段でしかありません。
では、本当の目的は何か？

それは、喜びを感じること。
この単純な事実に、私はようやく気づいたのです。

実は、これは科学的にも証明されています。

人間の脳は、達成それ自体よりも、達成に伴う喜びや充実感を求めるようにできているのです。


私は、お金のために喜びを犠牲にしないと決めました。


するとどうでしょう。

セミナーの案内がリラックスしてできるようになり、話すことも楽しめるようになりました。そうしたら、これまで苦労していた集客もスムーズになり、結果として収入も増えていったのです。

セミナー参加者からの「ありがとうございます」という言葉に心が温かくなる。

新しい企画を考えているときにワクワクする。

誰かの人生の変化に立ち会えて感動する。

こういった喜びの積み重ねが、お金という形で返ってきて、そのお金がまた新しい喜びを生み出していくのです。

私たちはつい、「お金を稼いで幸せになろう」と考えがちです。

でも、その順番が違っていたのです。

まず喜びがあり、それがお金という形でも実を結んでいく。

これこそが、本当の豊かさへの道すじなのです。

この章では、発信をお金にかえていく過程で出会える5つの喜び（特権）についてお話ししていきます。

これらの喜びは、副産物ではありません。

むしろ、あなたの発信を幸せに続くものにして、より大きな成功へと導いてくれる原動力となってくれるのです。

【特権1】

等身大の自分が、そのままで愛される！

「私なんて、まだまだ未熟だから」

「もっと成長してから発信しないと」

そう思って、発信を思いとどまっていませんか？

実は、私も長い間そうでした。

でも、発信を始めてから、天地がひっくり返るような発見があったのです。

それが、いまのありのままの自分で愛されるんだ、という気づきでした。

むしろ、完璧でないからこそ、誰かの心に響いたようなのです。


あるクライアントは、うつ病をわずらい、その不安や戸惑いを素直に発信し始めました。

特別なノウハウも、専門的な知識もありません。

ただ、日々感じる気持ちや、小さな気づきを言葉にしていただけでした。

すると、思いがけない反応が返ってきたと驚いていました。


「私も同じように悩んでいました」

「あなたの言葉に救われています」

「これからも一緒に少しずつよくなっていきたいです」


単なる「いいね」や「フォロワー」以上の、深いつながりを持てたといえるでしょう。

そして、彼女は気づいたのです。

専門的知識を届けることだけが大切なのではないと。

自分の存在自体が、誰かの励みや喜びになるという不思議な感覚です。

そこから、彼女の影響力は爆発的に伸びました。

フォロワーが1万人を超えて、SNSの広告収益や投げ銭だけでも毎月十数万円のお金が入ってくるようになったのです。

彼女は、何か特別なスキルを手に入れたわけではありません。

ただ、「いまの自分のままでいい」と気づいただけなのです。

等身大のあなたに共感してくれる人たちとの信頼関係は特別なものです。

「人は強みで尊敬され、弱みで愛される」という言葉があります。

失敗も、悩みも、迷いも、すべてが愛される要因になるのです。


だから、背伸びする必要も、無理に頑張る必要もありません。

いまのままのあなたで、十分に愛される価値があるのです。

それに気づくと、発信がより自由で、より楽しいものになります。

そのスタンスから、相手のことを思って発した言葉は、必ず誰かの心に寄り添い、誰かの希望となります。

そして、その過程で思いがけない贈り物を受け取ることになるでしょう。

いまのありのままのあなたを深く理解し、温かく受け入れてくれる人たちとの出会い。

「このままでいいんだ」と思わせてくれる温かいつながり。

この喜びこそが、発信を続ける最大の原動力となっていくのです。

【特権2】運命のライフワークが見つかる!

発信を続けていると、あるとき、深い気づきが訪れます。

「あ、これだ」

それは、人生の目的と出会うような感覚です。

最初は、ただ毎日の気づきを書いていただけかもしれません。

自分の経験や心に浮かんだ思いを、淡々と言葉にしていただけです。

そこから、読者やお客さんの幸せを真剣に考えて、商品やサービスをつくり始めます。

でも、あるときふと気づくのです。

特定のテーマについて書くとき、不思議と情熱や言葉があふれ出てくる。

誰かがコメントや感想をくれると、心が震えるほど嬉しくなる。

「もっと深めたい」「もっと届けたい」という想いが、自然と湧いてくる。

それは、まるで天職と出会ったような感覚です。


ある友人のインフルエンサーがこんなことを言っていました。

「読書に関する発信し始めたとき、まさかこれがライフワークになるとは思いもしませんでした。でも今は、この領域で一生学び続け、よりたくさんの人たちに読書の素晴らしさを伝えたい、そう心から思うようになったのです」


ライフワークとの出会いは、人生に前向きな変化をもたらします。


朝、目が覚めるとワクワクする気持ちで一日が始まります。アイデアが次々と浮かんできて、楽しいチャレンジや学びであっという間《ま》に時間が経ちます。

「こんなふうに生きていきたい」と、心の底から思える何かと出会えるのです。

最初から明確なビジョンがあったわけではありません。

日々の発信の積み重ねの中で、少しずつ見えてくるものです。

だからこそ、時には疑いも出てくるでしょう。

本当にこれでいいのかな、この道で合っているのかな、と。
でも、発信を通じて届く反応が、その不安をやさしく癒してくれます。
あなたの言葉を待っている人がどこかに必ずいて、その人の人生に変化が生まれる。
その実感が、迷いを確信に変えてくれるのです。

ライフワークは、単なる仕事以上のものです。
それは、あなたの人生そのものであり、生きる意味とも言えます。
だからこそ、深い充実感と喜びをもたらしてくれるのです。

私たちは誰もが、自分だけの「これだ」というライフワークを持っています。
発信は、その宝物を見つけ出す旅なのかもしれません。
その最高にエキサイティングな旅には終わりがありません。
むしろ、ライフワークと出会ってからが本当の始まりです。
新しい気づきや学び、出会いが、どんどん広がっていきます。
あなたにしかできない形で、この社会や世界をよりよくしていきましょう。

【特権3】

「ありがとうのお金」が循環する！

お金には、不思議な力があります。

それは「ありがとう」という感謝の気持ちを運ぶ力です。

私のメンターである本田健さんは、『happy money』という素晴らしい書籍の中で、お金の本質について語っています。

お金を「ありがとう」の気持ちで受け取り、「ありがとう」の気持ちで使うということです。シンプルだけれど深い言葉に、私は感銘《かんめい》を受けました。

あなたが自分のコンテンツをお金にかえればかえるほど、この世界には「ありがとう」が増えていきます。

「セミナーで人生が変わりました。本当にありがとう」

「あなたのコンテンツのおかげで、夢への一歩を踏み出せました」

こうして受け取った「ありがとう」のお金は、また新しい「ありがとう」を生み出していきます。

たとえば、あなたは受け取ったお金で、自分や家族を喜ばせることができます。

念願の海外旅行に行ったり、素敵なディナーを楽しんだり、大切な人への贈り物を選んだり、そんな時間は、あなたの人生をより満たされたものにしてくれるでしょう。

また、よりよいコンテンツを届けるために、自己投資することもできます。

新しい学びのための書籍を買ったり、スキルアップのためのセミナーに参加したりすることで、あなたのコンテンツはさらにパワーアップしていきます。

そうすると、あなたはますますお客さんを喜ばせることができるようになります。

さらに、ビジネスをサポートしてくれる方へ仕事をお願いすることも可能です。

デザイナーさんに素敵なロゴをつくってもらったり、ライターさんに魅力的な文章を書いてもらったり、動画編集者に魅力的なYouTube動画をつくってもらったりできます。

こうして、あなたの活動はより楽になり、より多くの人にあなたの価値を届けることができるのです。

このように、お金は「ありがとう」の循環を生み出します。

あなたが価値を届け、誰かが感謝とともにお金を支払い、そのお金でまた新しい喜びが生まれる……感謝の無限ループのようなものです。

私も最初は「お金を受け取ることが申し訳ない」と思っていました。

でも今は、このお金で、どんな幸せを体験できるだろう、お客さんにどんな喜びを提供できるだろうと、ワクワクした気持ちになります。

発信をお金にかえることは、決して利己的なことではありません。

むしろ、世界に「ありがとう」を増やし、価値を何倍にも膨らませていく、愛にあふれた行動なのです。

さあ、あなたも今日から、この素敵な「ありがとう」の流れに入りませんか？

きっとその先には、想像以上の喜びと感動が待っています。

【特権4】

人生を変える「人との出会い」が生まれる！

発信を続けていると、人生を変えるような出会いが次々と訪れるようになります。

それは単なる偶然ではなく、あなたの言葉が引き寄せる必然の出会いなのです。

「こんな人を、ずっと待っていました」

「まさか、こんな出会いが訪れるなんて」

お客さんとの出会いもあれば、仲間との出会い、メンターとの出会いもあります。

それは、ただの「売り手と買い手」という関係を超えた、魂《たましい》の友人のようであり、同志のような存在です。

たとえば、こんなケースがあります。

オンラインサロンに入ってくださった方が、新しいプロジェクトに誘ってくれて、そこからまた素晴らしい出会いが生まれ、気づいたら夢のような仲間たちに囲まれていた。

発信には、そんな魔法のような力があるのです。


この出会いの連鎖《れんさ》は、決して偶然ではありません。

あなたの想いや価値観が、同じ方向を向いている人たちを引き寄せるのです。


「実は、同じことを考えていました」

「ずっとこんな人を探していました」

「一緒に何かをやっていきたいです」

そんな声をいただくたびに、この出会いは運命だったのだと感じるようになります。


これらの出会いは、あなたの想像を超えた展開をもたらしてくれます。

セミナーに参加してくれた人が、新しいビジネスパートナーになる。

読者として出会った人が、かけがえのない親友になる。

SNSでつながった人が、人生のメンターになる。

発信がもたらす出会いは、あなたの人生だけでなく、関わるすべての人の人生をも変えていきます。

実際に私のまわりには、発信をきっかけに憧れのメディアから出演の依頼があった、人生のパートナーと出会い結婚まで至ったという事例が数え切れないほどあります。

「この人と出会えて、人生が変わりました」

そんな言葉を、こんどはあなたが口にすることになるでしょう。

私たちの人生は、出会いで決まると言っても過言ではありません。

発信は、あなたに最高の未来への扉を開いてくれる出会いをもたらします。

あなたとの出会いが、誰かの人生をも変えていきます。

それが、発信がもたらしてくれる最高の贈り物の一つなのです。

【特権5】想像を超える未来が、あなたを待っている！

発信には、誰も教えてくれない素晴らしい喜びがあります。

それは、自分の思い描く最高の未来を現実にしていける喜びです。

最初は小さな一歩かもしれません。

noteに記事を書いてみる、セミナーを開催してみる、電子書籍を出版してみる。

でも、その一歩が、ドミノ倒しのように次々と変化を引き起こし始めます。

あなたの言葉に共感した人が、新しいアイデアをくれる。

思いがけない出会いが、新しい可能性を開いてくれる。

予想もしなかった展開が、人生のステージを変えていく。

まるで、あなたの描いた未来に向かって、世界が動き出すかのようです。

電子書籍が大ヒットしたあるコーチは、最初は「月5万円でも副収入が得られるなら」という思いから発信をスタートしました。

でも発信を続けているうちに、「できれば、独立して自由に生きたい」という本当の夢に気がついて、やがてその夢は現実になっていたのです。

いまでは、小さい頃からの夢だった海外移住も家族みんなで実現しています。

発信には、現実をつくり変える力があります。

なぜかというと、言葉にすることで、漠然《ばくぜん》としていた未来が、どんどんクリアになっていくからです。

ときには、想像を超える出来事が待っていることもあります。

「まさか自分が本を出版できるとは」

「テレビに出演するようになるとは」

「社会や世界にも貢献できるとは」

発信を続けていると、そんな驚きの連続です。

夢はただ見ているだけのものではなくなり、夢そのものを生きるようになります。

もっと言えば、想像を超える最高の人生のストーリーを生きていくことになるのです。

あなたが言葉にした未来に、誰かが共感してくれ、その人が新しい可能性を運んできて、そこからまた新しい未来が見えてくる。

その繰り返しの中で、最高の未来が少しずつ形になっていくのです。

こんな生き方ができたら素敵だな、こんな世界だったらいいのに、そんな思いを、発信は現実に変えてくれます。

「何を目指しているの？」「頭がおかしいんじゃないの？」と言われるくらいの、あなたの心の中にある「最高だな！」という思いを素直に言葉にしてみてください。

大丈夫です。

いろんなエキサイティングな物語が展開し、気づいたときには、あなたは最高の未来を生きていることになるでしょう。

発信がもたらす「新しいお金の未来」

1万円札を手に取って、じっと見つめてみてください。

そのお金には不思議な力が宿っています。

それは、人々の間をめぐりながら、幸せを運ぶ力です。

あなたがコンビニでパンを買えば、やがてそのお金は店員さんの給料となり、彼女は家族との外食を楽しむかもしれません。そのレストランのオーナーは、子どもの習い事に使うかもしれません。その習い事の先生は……。


お金は、誰かの「ありがとう」を次の誰かに届けるバトンなのです。


でも、もっと面白いことが起きます。

普通のお金の循環なら、モノやサービスが減っていきます。パンは食べられ、ガソリンは使われ、時間は過ぎていくのが当たり前です。

しかし、あなたの発信は違います。

100円の記事は、一度書けば何度でも読まれ、何度でも誰かを励まします。

1000円の電子書籍は、一度つくれば何人ものお金や人間関係の悩みを解決するかもしれません。

3000円のセミナーの学びは、参加者の数だけ広がり、また新しい誰かに伝わっていきます。

発信の世界では、「ありがとう」と「自信」が雪だるま式に増えていきます。

あなたの文章を読んで背中を押された誰かが、また新しい発信者になる。その人の言葉がまた別の誰かの希望になり、その連鎖は無限に広がっていく可能性があるのです。

これは、お金の新しい循環の形です。

従来のお金は、使えば減る「消費型のお金」。

投資のお金は、増やすための「蓄積型のお金」。

でも、発信のお金は、使うほど増える「循環発展型のお金」なのです。

あなたが1万円を受け取ったとき、実は新しい経済がまわり始めています。

それは、「ありがとう」と「自信」を増やし続ける、幸せの経済です。

そこでは、お金は単なる数字ではありません。

誰かの人生を変えるきっかけとなり、新しい誰かの希望となり、その価値は時間とともにどんどん大きくなっていきます。

だから、遠慮する必要はありません。

むしろ、堂々と受け取ってください。

あなたがお金を受け取ることは、世界に新しい価値を生み出すことです。

その一歩が、きっと誰かの、そしてあなたの未来を豊かに変えてきます。

さあ、あなたも新しい経済の担い手になりませんか？

この世界に、もっと「ありがとう」と「自信」を増やしていく。

そんな素敵な物語が、今日から始まっていくのです。

おわりに

「未来のあなた」が「いまのあなた」に感謝する日

私のスマートフォンの中に、一枚の写真があります。

それは、7年前に私が初めてnoteに100円の有料記事を出したときのスクリーンショットです。

投稿ボタンを押すまでには3カ月もの時間がかかりました。

「私なんかが何を書ける？」

「こんな内容にお金をいただくなんて」

「誰にも読んでもらえなかったらどうしよう」

そんな言葉が、毎日のように頭の中をグルグルとまわっていました。

でも、ある日思い切ってそのボタンを押しました。

たった100円の記事。

でも、それは私にとって、人生を変える第一歩だったのです。


あのときの私は、7年後の未来など想像もしていませんでした。

でも、いまでは月に100万円以上の収入があり、全国に仲間ができ、やりたいことを自由に選べる毎日があります。

小さい頃から憧れていた「本を書く」という夢を叶え、やりたいことを楽しみながら、全国に広がる仲間たちとつながる日々。

10年前の私が聞いたら、「そんなの無理だよ」と笑ったでしょう。


でも、現実はもっとワクワクするものでした。

たった100円の記事が誰かの心に響き、そこから広がるつながりが、働き方も生き方も自由にしてくれる。

夢を追いかける日々が、私だけでなく、多くの仲間と一緒に新しい未来を築いていています。


この本を手に取ってくださったあなたにも、きっと素敵な未来が待っています。

いや、その未来は、すでに始まっているのかもしれません。

いま、この言葉を読んでいるあなたの心の中に、小さな好奇心が芽生《めば》えていませんか？

「私も、何か発信してみようかな」

「私の言葉で誰かが喜んでくれて、ひょっとしたらお金が入ってくるかも」

「ここから、新しい世界が開けるのかも」


その好奇心こそが、すべての始まりです。

その一歩を踏み出せば、きっとあなたの未来も驚くほど変わっていくはずです。

お金は、そんな夢を実現するための大切な道具なのです。

１００円から始まり、１万円になり、１００万円になっていく……。

そんな積み重ねが、あなたに新しい自由と可能性をもたらしてくれるでしょう。
あなたの言葉を待っている人が、必ずどこかにいます。
その誰かとの出会いが、最高の未来の扉を開いてくれるはずです。

この本が、あなたの新しい一歩を踏み出すきっかけになりますように。
そして、あなたの想像を超えるストーリーが、今日から始まりますように。
そう願いながら、私もまた、次の一歩を踏み出していきたいと思います。
いつかあなたの物語について語れる日を楽しみにしています。

末吉宏臣

◎著者プロフィール

末吉宏臣（すえよし・ひろおみ）

セミナー講師、ライフワークの専門家
コンサルタント、講師として、中小企業100社以上、大手企業十数社のコンサルティング、研修を実施。1100人を超える社長、リーダー、ビジネスで成果を上げている方と交流し、思考と心理と行動の面からその秘訣をまとめてきた。ベストセラー作家、著名なコンサルタント複数名の方々とともにコンテンツ開発、セミナーのサポートをしながら、学びを受けている。すべての経験と学びを体系化して、ビジネスで成果を出すことと幸せになることをテーマに、ライフワークの専門家としてセミナー、コンサルティングを提供している。

末吉宏臣公式ブログ
https://note.com/sueyoshihiroomi/

発信をお金にかえる勇気

2025年 5 月 1 日　第1刷発行
2025年 6 月30日　第2刷発行

著　者　末吉宏臣
発行者　櫻井秀勲

発行所　きずな出版
東京都新宿区白銀町1-13　〒162-0816
電話03-3260-0391　振替00160-2-633551
https://www.kizuna-pub.jp/

印　刷　モリモト印刷
ブックデザイン　福田和雄（FUKUDA DESIGN）

ISBN978-4-86663-278-0

きずな出版